JN046727

思考力キューブドリル

立体図形入門

花まる学習会
高濱正伸
島田直哉　水口 玲

おうちの方へ

◼ はじめに

　子どもが将来、厳しい社会を生き抜いていくために、身につけたい力が"思考力"です。思考力は、集中した反復演習さえ行えば身につけられる「計算問題」ではなく、「文章題」や「図形問題」を解くことによって養うことができます。

　そこで、2007年に発刊されたのが「算数脳ドリル　立体王」(Gakken刊)シリーズです。立方体を組み合わせたできたブロック教材"キューブ"を使って、遊びながら図形問題を解くことで思考力を養う、という画期的なアプローチが好評を博し、これまでに8冊を刊行。中国でも翻訳出版され、シリーズ累計実売部数100万部を超える大ベストセラーとなっています。キューブは、「思考力」

「国語力」「野外体験」を重視した、幼児〜小学生向けの学習教室・花まる学習会のオリジナル教材です。

　本書は、「算数脳ドリル　立体王」の新シリーズになります。立体をイメージする力を養う教材「キューブキューブ」を自分の手で作り、それを使って図形問題を解く形式はそのままに、お子さまが最後まで自力で問題を解き進められるような構成にしました。また、感覚だけでは解けない難度の高い問題も収録。図形問題に強くなるとともに、答えを導くための必要条件を考え、筋道立てて考える"ロジカルシンキング(論理的思考力)"をしっかりと鍛えることができます。

◼ 思考力とは?

　自分で考える力のこと。全科目に大きくかかわり、社会人として生き抜くうえで役立つ基礎能力でもあります。本書で身につけられる思考力は、以下の8つです。

①空間認識力	②図形センス	③試行錯誤力	④発見力
三次元のイメージを自在にできる力	補助線が浮かぶ力	鉛筆を動かして実験できる力	カギや規則、アイデアを見出す力

⑤論理力	⑥精読力	⑦要約力	⑧意志力
論理のステップを正しく踏む力	一字一句抜けなく読み取る力	要するに何が言いたいかを読み取る力	自力で最後までやり抜く力

◼ 思考力が身につく3つのSTEP

　本書がほかのドリルと大きく異なるのは、自分の手でキューブを作り、頭だけでなく、手も使って問題を解くという点です。キューブを使って、実際の答えを視覚的に確認できる点も、思考力を定着させるのに非常に役立ちます。

STEP1　作る

自分で展開図を組み立ててキューブを作る。平面図形を立体としてとらえる力がアップ!

STEP2　解く

頭と同時に手(キューブ)も使って、図形問題を解く。試行錯誤をくり返す経験が、思考力をアップ!

STEP3　確認する

キューブを使って、答えを導き出す過程を確認する。問題への理解が深まり、定着度もアップ!

本書の使いかた

問題の通し番号です。16種類、全68問収録しています

問題のレベルを星の数で5段階表示しています

問題に取り組んだ日付を記入します

問題で使うキューブや答えの候補となるキューブを示してあります

★★☆☆☆

月　日

01 正方形パズル
せいほうけい

「見本」と同じ正方形をつくるために必要なキューブは、下の３つのうちどれ？

※キューブは、回転させたりうら返したりしてもOK。

こうほキューブ

A

ソロ

デュオ

見本
みほん

ヒント！

▶ 77ページをチェック

キューブキューブ

本書についているブロック教材。見本通りに形を再現する課題を通じて、立体をイメージするという複雑な脳の働き（空間認識力）を、楽しく遊びのように鍛えます。

展開図台紙は巻頭ページにあるよ

RITTAIOU

ヒント集

Step 1

お子さまの「自力で解ききりたい！」という気持ちを応援するため、巻末に「ヒント集」（77〜87ページ）を設けました。どうしても問題の答えがわからないというときは、解答を見る前に開いてみてください

答えを導き出すために注目したい点や、解きかたの手順などを記載しています。自力で解く経験の積み重ねによって、自然と発見力、論理力、意志力などが養われます。

こたえ→別冊2ページ

Step 1

解答は、取り外しができる別冊に収録されています。答えのみではなく、解説もついているので、問題への理解がより深まります。キューブを使って答えを確認することで、定着度もさらにアップします

キューブのつくりかた & 使いかた

用意するもの

- キューブキューブ展開図台紙 ┐
- キューブボックス展開図台紙 ┘ 合計4まい
  ※この本の最初のページにあるよ！
- はさみ
- セロハンテープ
- 強力な接着ざい（木工用など）

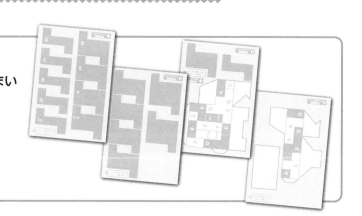

キューブのつくりかた

使うページ

1. キューブキューブ展開図台紙から、ミシン目にそってパーツを切り取ろう。

2. 折り目がついている部分を山折りにして、辺と辺が合わさる部分をセロハンテープでとめて組み立てよう。セロハンテープは、はさみなどで適当な長さにカットしてね。

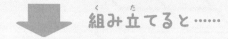

組み立てると……

ソロ ×6こ	デュオ ×9こ	トリオ ×2こ
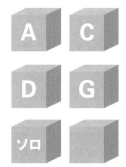	B E F デュオ	

A C
D G
ソロ

合計17この
キューブができるよ！

4

3 **2**でできた 17 このキューブを使って、キューブキューブをつくろう。下の図と、キューブについている A 〜 G、ソロ、デュオのしるしを参考にしてね。キューブどうしは、接着ざいを使ってくっつけるよ。

くっつけると……

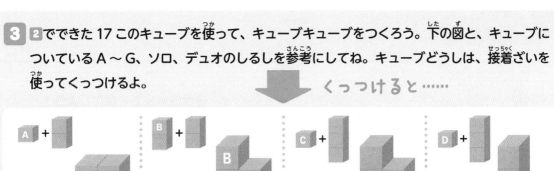

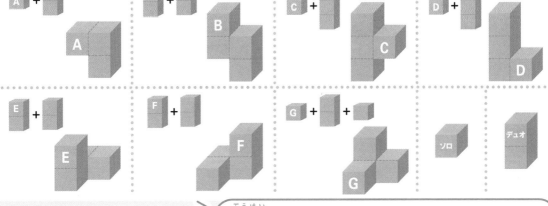

合計 9 このキューブキューブができるよ！

使いかた
● 問題を解く際に、実際に手でさわって動かしてみよう。
● こたえを再現・確認するときに使おう。

キューブボックスのつくりかた

使うページ

1 キューブボックス展開図台紙から、ミシン目にそってパーツを切り取ろう。

2 右の図を参考に、ⓐとⓐ、ⓑとⓑの部分をそれぞれくっつけよう。

ⓑとⓑがくっつく

ⓐとⓐがくっつく

3 下の図のように、①から順に底めんをはめよう。

4 底に 3×5 のマス目のシートをはめよう。

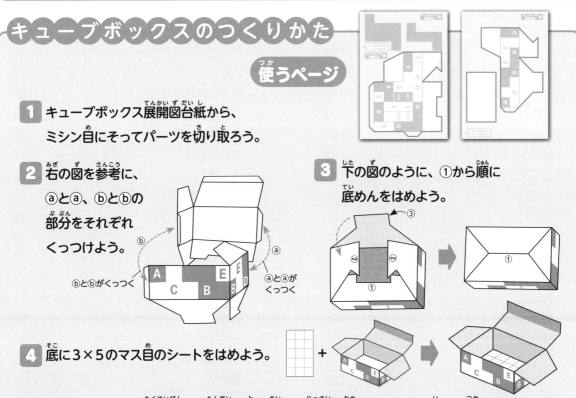

使いかた
● 「宅配便」の問題を解く際に、実際に中にキューブを入れて使おう。
● キューブをしまうための箱として使おう。しまうときは、ボックスの文字をヒントにしてね。

5

もくじ

Step1

立体の イメージ力を きたえよう！

Step1では、基本の立体図形問題をくり返し解くことで、立体を多角的にイメージする力をきたえます。

はじめる前に

問題を解く前に、巻頭にある「キューブキューブ」を組み立てておこう。つくりかたは、4〜5ページの「キューブのつくりかた」を参考にしてね。

準備するもの

キューブキューブ……全9こ

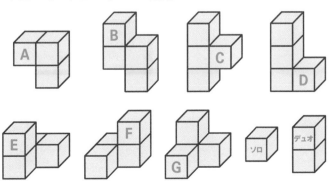

01 正方形パズル

「見本」と同じ正方形をつくるために必要なキューブは、下の3つのうちどれ？

※キューブは、回転させたりうら返したりしてもOK。

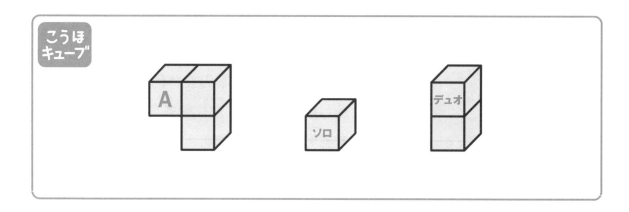

こうほキューブ

A

ソロ

デュオ

見本

ヒント！

▶ 77ページをチェック

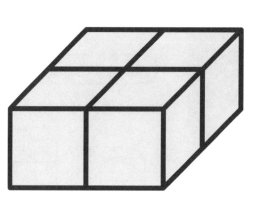

02 でんぐり返し

下のキューブを、「スタート」のように置き、**1**　**2**の順番に転がしたとき、「ゴール」はどんなすがたになっている？　①〜③から選ぼう。

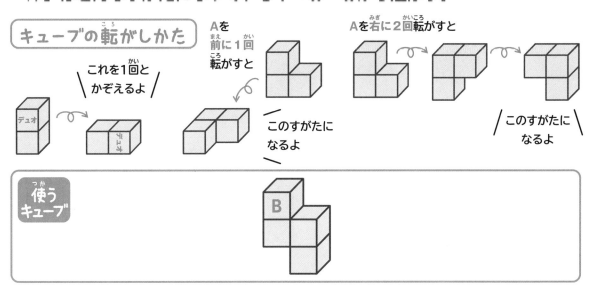

キューブの転がしかた

これを1回とかぞえるよ

Aを前に1回転がすと

このすがたになるよ

Aを右に2回転がすと

このすがたになるよ

使うキューブ　B

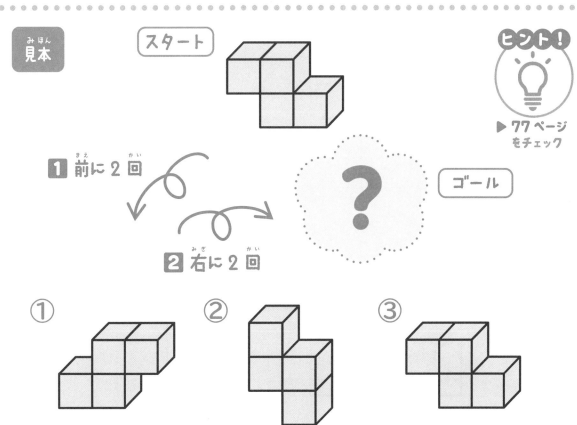

見本

スタート

ヒント！

▶ 77 ページをチェック

1 前に 2 回

2 右に 2 回

ゴール

？

①

②

③

03 この形はどれ？

「見本」は、上・しょうめん・右からそれぞれ見たとき、キューブがある部分を示しているよ。「見本」と同じ形になるキューブは、下の6つのうちどれ？

※色がついているところにキューブがあるよ。

※キューブは、回転させたりうら返したりしてもOK。

こうほ キューブ

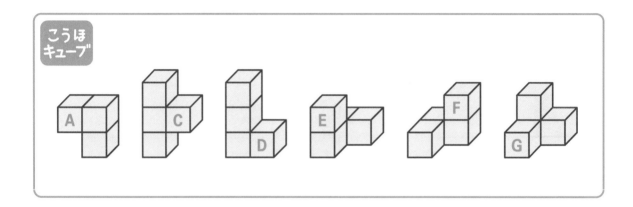

見本

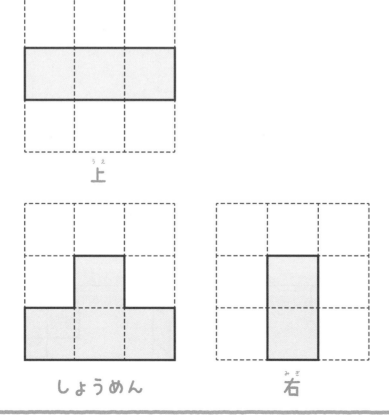

上

しょうめん

右

ヒント！

▶ 77ページ をチェック

04 穴はどこ？

★★☆☆☆

「見本」は、しょうめんから見たとき、キューブがある部分を色やもようで示しているよ。下の３つのキューブを「見本」と同じ形になるように組み立てて、うしろから見るとき、どこに穴ができる？　①〜③から選ぼう。

※色やもようが変わっているところでちがうキューブになるよ。

※キューブは、回転させたりうら返したりしてもOK。

使うキューブ

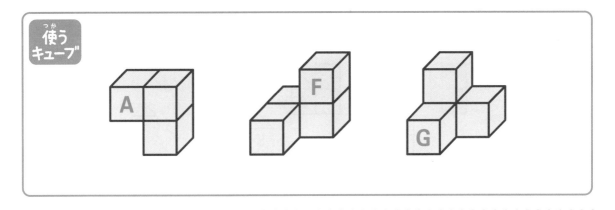

見本

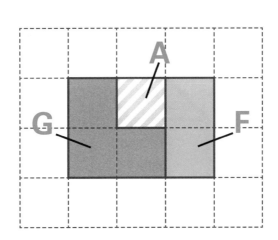

ヒント！
▶ 77ページ もチェック

① 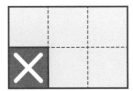　② 　③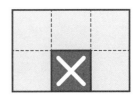

05 階段

下の9つのキューブの中から2つ使って、「見本」と同じ "階段" をつくろう。

※キューブは、回転させたりうら返したりしてもOK。

※内側にすき間ができないようにつくってね。

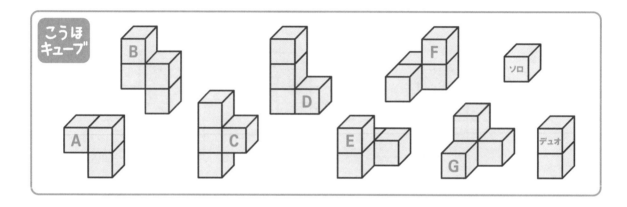

こうほ
キューブ

見本

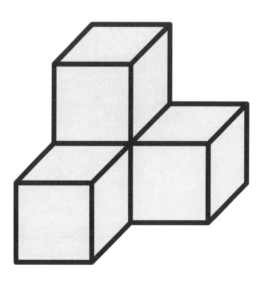

ヒント!

▶ 77ページ
をチェック

06 おしくらまんじゅう

下のキューブを、外に出ているめんの数が最も少なくなるようにくっつける
とき、 1 2 はそれぞれどんな形になる？

※キューブは、回転させたりうら返したりしてもOK。

めんのかぞえかた

 これを
1めんとして
かぞえるよ

たとえば
Aとソロをくっつけるとき

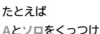 + ソロ →

\この形にすると/

外に出ている
めんの数は

= 16 めん

\この形にすると/

形によって
めんの数が変わるよ

= 18 めん

ヒント！

1

使う
キューブ

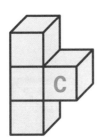

▶ 78 ページ
をチェック

ヒント！

2

使う
キューブ

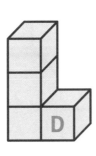

▶ 78 ページ
をチェック

07 ふたご

★★☆☆☆

下の7つのキューブの中からいくつかを使って、「見本」にあるような形も大きさも同じ "ふたご" をつくろう。キューブをいくつ使うかから、自分で考えてね。

※キューブは、回転させたりうら返したりしてもOK。

※内側にすき間ができないようにつくってね。

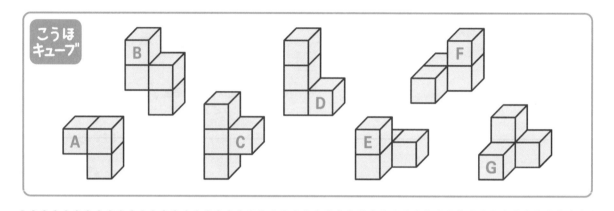

こうほキューブ

見本

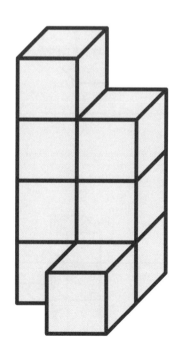

ヒント！

▶ 78 ページをチェック

08 設計図

★★☆☆☆

「見本」は、上・左・しょうめん・右からそれぞれ見たとき、キューブがどのように組み合わさっているかを示しているよ。下の9つのキューブが、それぞれどの色やもように当てはまるか考えよう。

※色やもようが変わっているところでちがうキューブになるよ。

※キューブは、回転させたりうら返したりしてもOK。

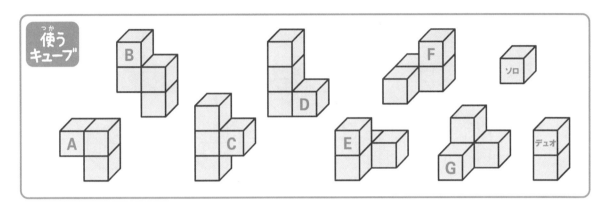

使う キューブ

A　B　C　D　E　F　G　ソロ　デュオ

見本

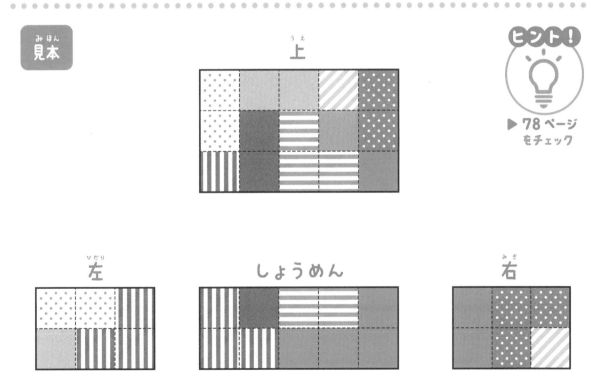

上

左　　しょうめん　　右

ヒント！

▶ 78ページ をチェック

09 正方形パズル

「見本」と同じ正方形をつくるために必要なキューブは、下の9つのうちどれ？

※ソロは、「見本」の位置に入るよ。

※キューブは、回転させたりうら返したりしてもOK。

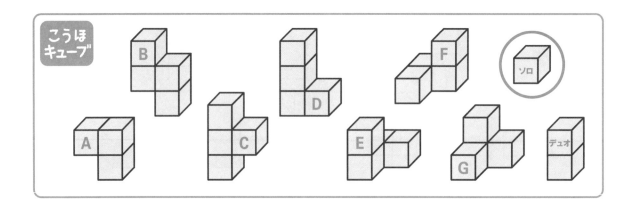

こうほ
キューブ

見本

ヒント！

▶ 78 ページ
をチェック

ソロ

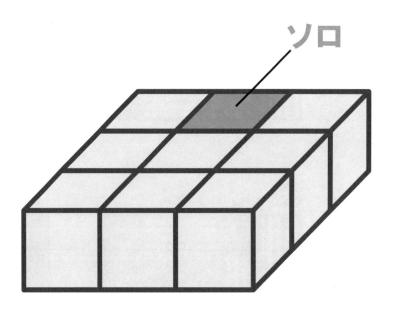

10 でんぐり返し

下のキューブを、「スタート」のように置き、■■の順番に転がしたとき、「ゴール」はどんなすがたになっている？　①～③から選ぼう。

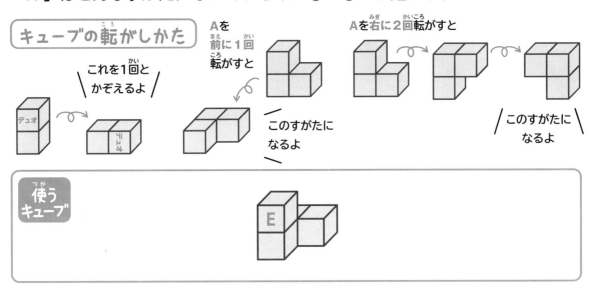

キューブの転がしかた

これを1回とかぞえるよ

Aを前に1回転がすと

このすがたになるよ

Aを右に2回転がすと

このすがたになるよ

使うキューブ

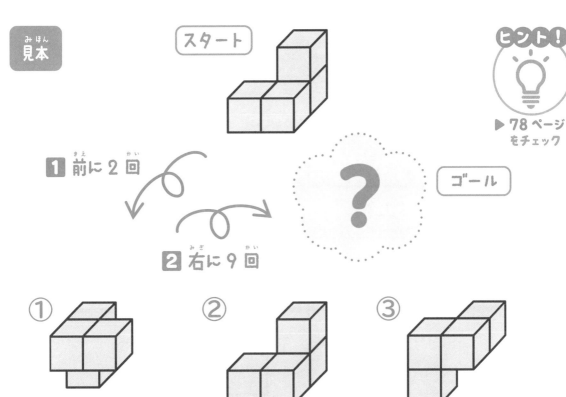

見本

スタート

ヒント！

▶ 78ページをチェック

■ 前に2回

ゴール

？

■ 右に9回

①　②　③

11 この形はどれ？

★★★☆☆

月　日

「見本」は、上・しょうめん・右からそれぞれ見たとき、キューブがある部分を示しているよ。「見本」と同じ形になるキューブは、下の6つのうちどれ？

※色がついているところにキューブがあるよ。

※キューブは、回転させたりうら返したりしてもOK。

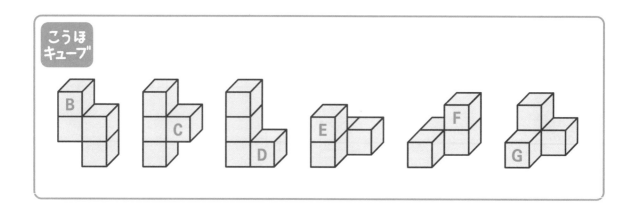

こうほキューブ

B　C　D　E　F　G

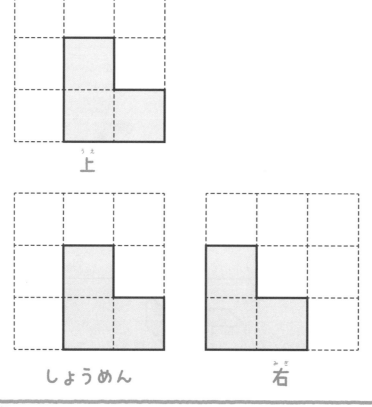

見本

上

しょうめん

右

ヒント！

▶ 78ページ
モチェック

12 穴はどこ？

★★★☆☆

「見本」は、しょうめんから見たとき、キューブがある部分を色やもようで示しているよ。下の３つのキューブを「見本」と同じ形になるように組み立てて、うしろから見るとき、どこに穴ができる？　①〜③から選ぼう。

※色やもようが変わっているところでちがうキューブになるよ。

※キューブは、回転させたりうら返したりしてもOK。

使うキューブ

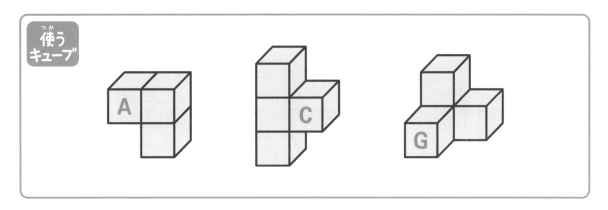

見本

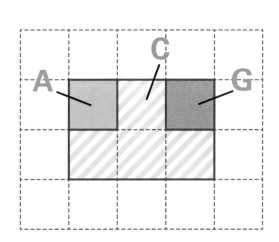

ヒント！

▶ 78 ページ
をチェック

①

②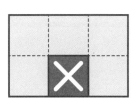

③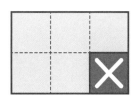

13 階段

★★★☆☆

下の6つのキューブの中から2つ使って、「見本」と同じ "階段" をつくろう。

※キューブは、回転させたりうら返したりしてもOK。

※内側にすき間ができないようにつくってね。

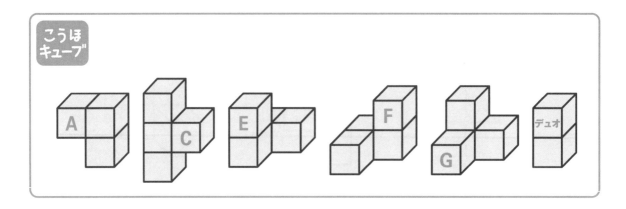

こうほキューブ

A　C　E　F　G　デュオ

見本

ヒント!

▶ 79ページ
もチェック

14 おしくらまんじゅう

下のキューブを、外に出ているめんの数が最も少なくなるようにくっつけるとき、①②はそれぞれどんな形になる？

※キューブは、回転させたりうら返したりしてもOK。

めんのかぞえかた

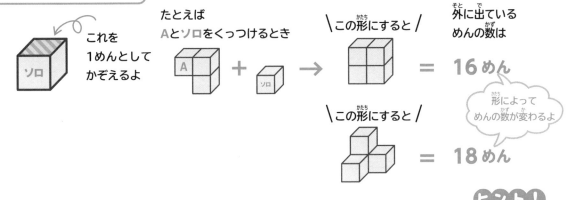

これを1めんとしてかぞえるよ

たとえばAとソロをくっつけるとき

この形にすると

外に出ているめんの数は

= 16めん

形によってめんの数が変わるよ

この形にすると

= 18めん

① 使うキューブ

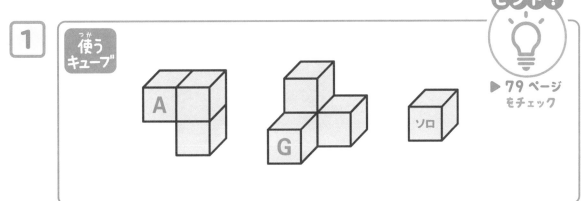

ヒント！
▶ 79ページをチェック

② 使うキューブ

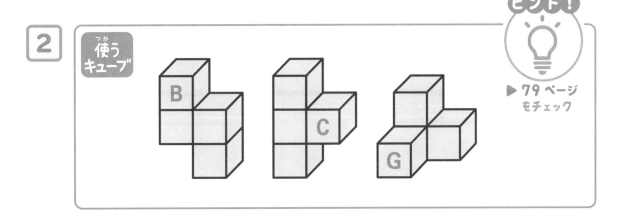

ヒント！
▶ 79ページをチェック

15 ふたご

下の6つのキューブの中からいくつかを使って、「見本」にあるような形も大きさも同じ "ふたご" をつくろう。キューブをいくつ使うかから、自分で考えてね。

※キューブは、回転させたりうら返したりしてもOK。

※内側にすき間ができないようにつくってね。

こうほキューブ

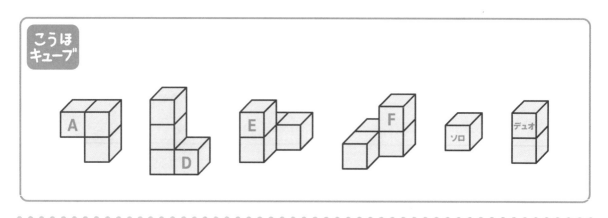

見本

ヒント！

▶ 79ページ
をチェック

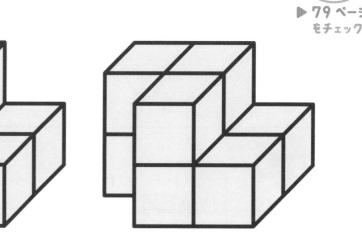

16 設計図

★★★☆☆

「見本」は、上・左・しょうめん・右からそれぞれ見たとき、キューブがどのように組み合わさっているかを示しているよ。下の9つのキューブが、それぞれどの色やもように当てはまるか考えよう。

※色やもようが変わっているところでちがうキューブになるよ。

※キューブは、回転させたりうら返したりしてもOK。

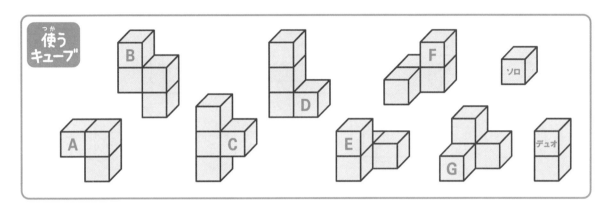

使う
キューブ

見本

上

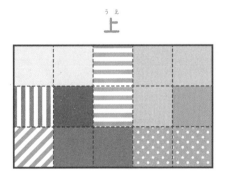

ヒント！

▶ 79 ページ
をチェック

左　　　　しょうめん　　　　右

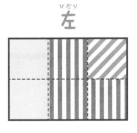

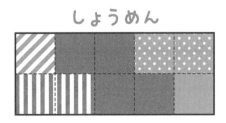

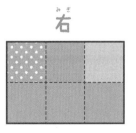

17 正方形パズル

「見本」と同じ正方形をつくるために必要なキューブは、下の９つのうちどれ？

※ソロは、「見本」の位置に入るよ。

※キューブは、回転させたりうら返したりしてもOK。

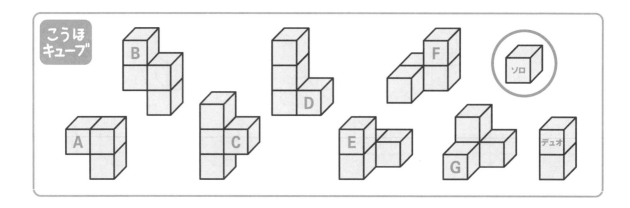

こうほ
キューブ

見本

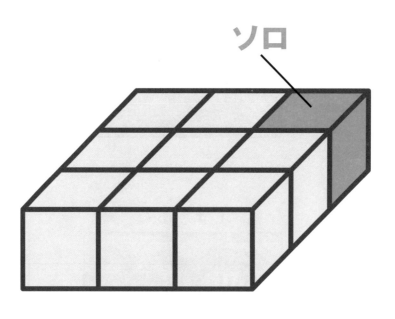

ソロ

ヒント！

▶ 79 ページ
をチェック

18 でんぐり返し

★★★☆☆

下のキューブを、「スタート」のように置き、❶〜❸の順番に転がしたとき、「ゴール」はどんなすがたになっている？　①〜③から選ぼう。

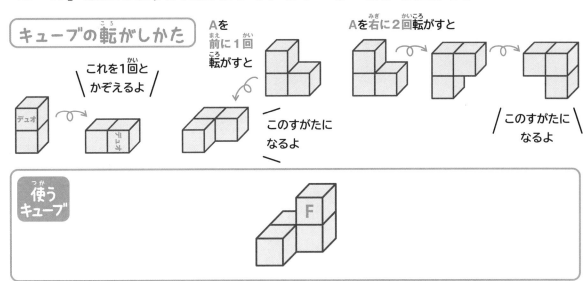

キューブの転がしかた

これを1回とかぞえるよ

Aを前に1回転がすと

このすがたになるよ

Aを右に2回転がすと

このすがたになるよ

使うキューブ

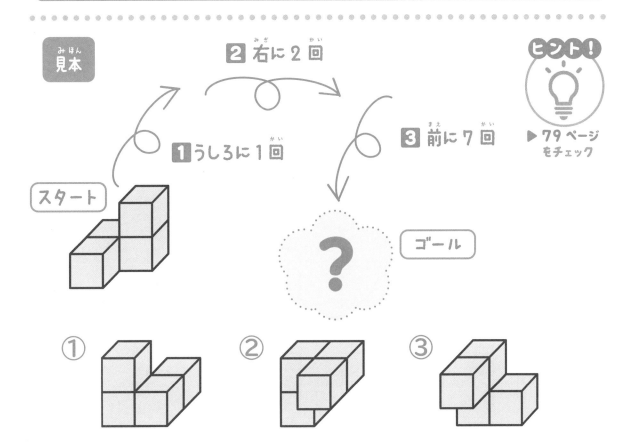

見本

スタート

❶ うしろに1回

❷ 右に2回

❸ 前に7回

ゴール

？

ヒント！

▶ 79ページをチェック

①　②　③

19 この形はどれ?

「見本」は、上・しょうめん・右からそれぞれ見たとき、キューブがある部分を示しているよ。「見本」と同じ形になるキューブは、下の6つのうちどれ?

※色がついているところにキューブがあるよ。

※キューブは、回転させたりうら返したりしてもOK。

こうほキューブ

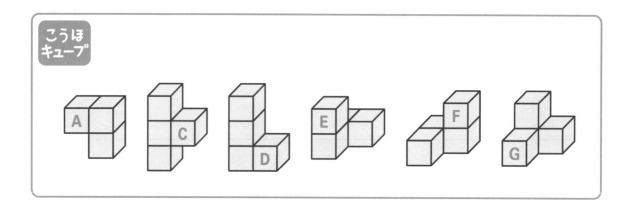

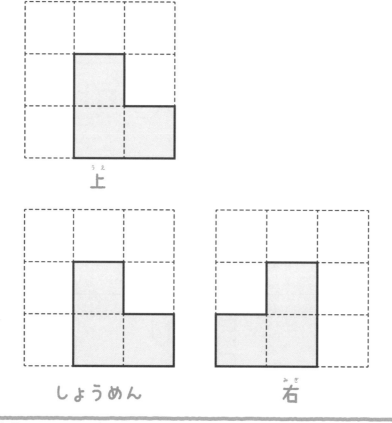

上

しょうめん　　　右

ヒント!

▶ 79 ページ
をチェック

20 穴はどこ？

★★★☆☆

月　日

「見本」は、しょうめんから見たとき、キューブがある部分を色やもようで
示しているよ。下の3つのキューブを「見本」と同じ形になるように組み立
てて、うしろから見るとき、どこに穴ができる？　①〜③から選ぼう。

※色やもようが変わっているところでちがうキューブになるよ。
※キューブは、回転させたりうら返したりしてもOK。

**使う
キューブ**

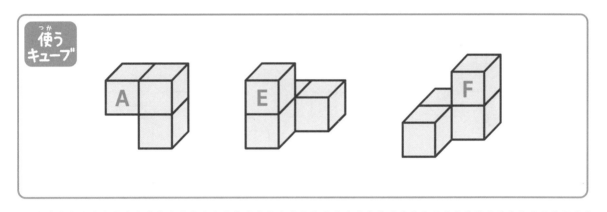

見本

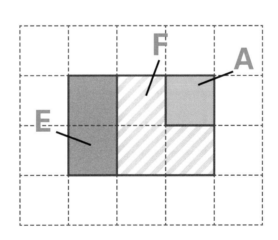

ヒント！

▶ 80ページ
をチェック

①

②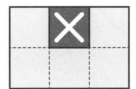

③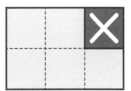

こたえ→別冊5ページ　**27**

21 階段

下の９つのキューブの中から３つ使って、「見本」と同じ "階段" をつくろう。

※キューブは、回転させたりうら返したりしてもOK。

※内側にすき間ができないようにつくってね。

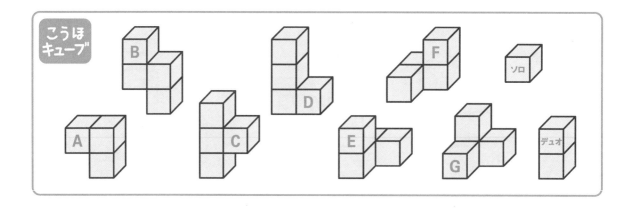

こうほキューブ

みほん
見本

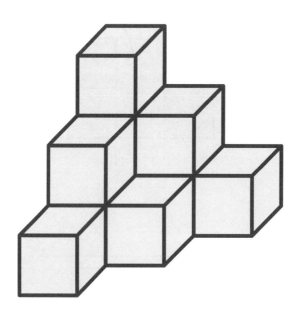

ヒント！

▶ 80ページ
をチェック

22 おしくらまんじゅう

下のキューブを、外に出ているめんの数が最も少なくなるようにくっつけるとき、①②はそれぞれどんな形になる？

※キューブは、回転させたりうら返したりしてもOK。

めんのかぞえかた

これを1めんとしてかぞえるよ

たとえば
Aとソロをくっつけるとき

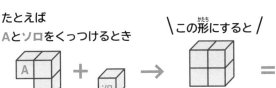

この形にすると

外に出ている
めんの数は

= 16めん

形によって
めんの数が変わるよ

この形にすると

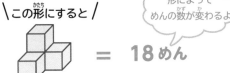

= 18めん

1

使う
キューブ

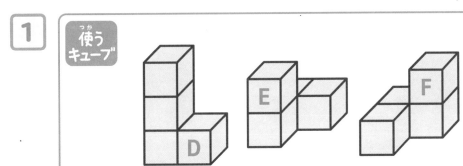

ヒント！

▶ 80ページ
をチェック

2

使う
キューブ

ヒント！

▶ 80ページ
をチェック

23 ふたご

★★★☆☆

下の7つのキューブの中からいくつかを使って、「見本」にあるような形も大きさも同じ "ふたご" をつくろう。キューブをいくつ使うかから、自分で考えてね。

※キューブは、回転させたりうら返したりしてもOK。
※内側にすき間ができないようにつくってね。

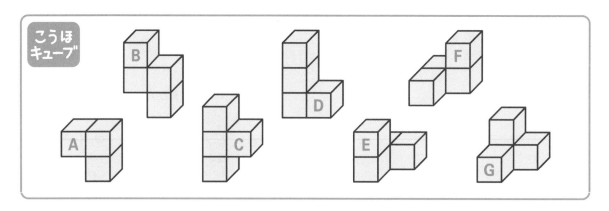

こうほキューブ

見本

ヒント！
▶ 80ページをチェック

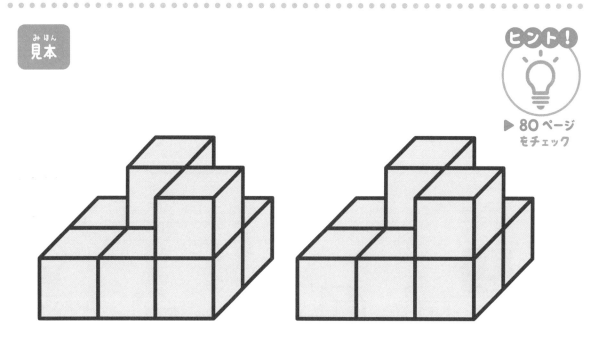

「見本」は、上・左・しょうめん・右からそれぞれ見たとき、キューブがどのように組み合わさっているかを示しているよ。下の9つのキューブが、それぞれどの色やもように当てはまるか考えよう。

※色やもようが変わっているところでちがうキューブになるよ。

※キューブは、回転させたりうら返したりしてもOK。

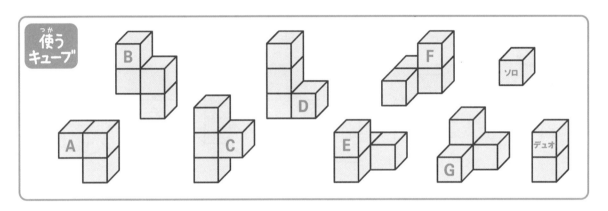

見本

上

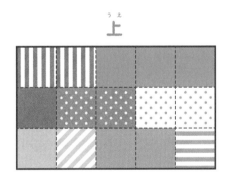

ヒント！
▶ 80ページ
もチェック

左　　しょうめん　　右

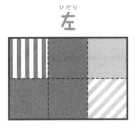
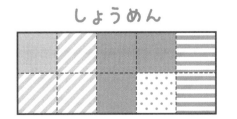
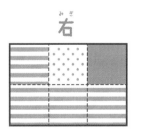

25 正方形パズル

「見本」と同じ正方形をつくるために必要なキューブは、下の6つのうちどれ？

※デュオは、「見本」の位置に入るよ。

※キューブは、回転させたりうら返したりしてもOK。

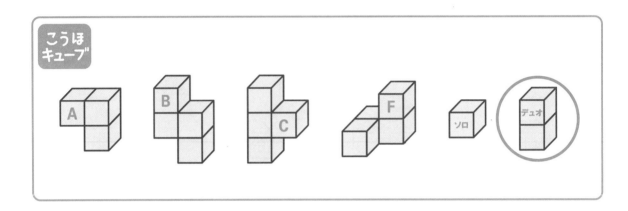

こうほ
キューブ

A　B　C　F　ソロ　デュオ

見本

デュオ

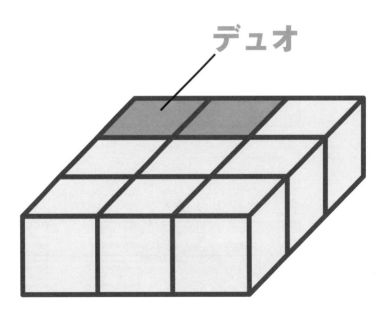

ヒント！

▶ 80ページ
をチェック

26 でんぐり返し

下の2つのキューブを、「スタート」のように組み立てて、1〜3の順番に転がしたとき、「ゴール」はどんなすがたになっている？　①〜③から選ぼう。

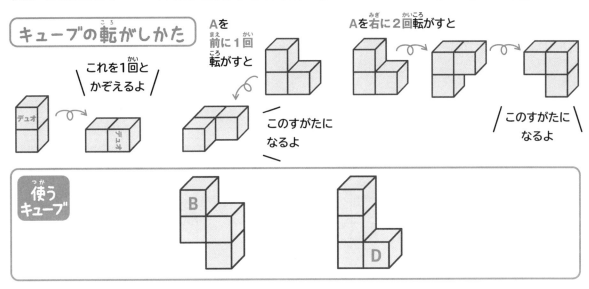

キューブの転がしかた

これを1回とかぞえるよ

Aを前に1回転がすと

このすがたになるよ

Aを右に2回転がすと

このすがたになるよ

使うキューブ

B

D

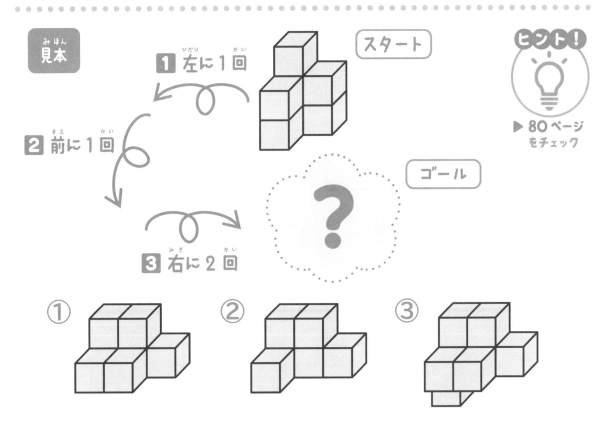

見本

1 左に1回

2 前に1回

3 右に2回

スタート

ゴール

?

ヒント！

▶ 80 ページをチェック

① ② ③

27 この形はどれ？

「見本」は、上・しょうめん・右からそれぞれ見たとき、キューブがある部分を示しているよ。「見本」と同じ形になるキューブは、下の6つのうちどれ？

※色がついているところにキューブがあるよ。

※キューブは、回転させたりうら返したりしてもOK。

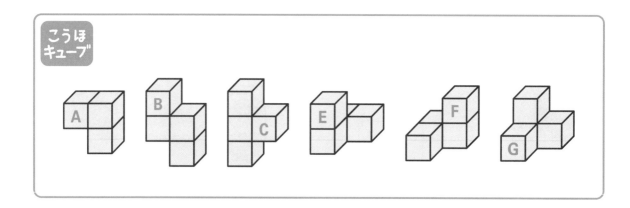

こうほキューブ

A　B　C　E　F　G

見本

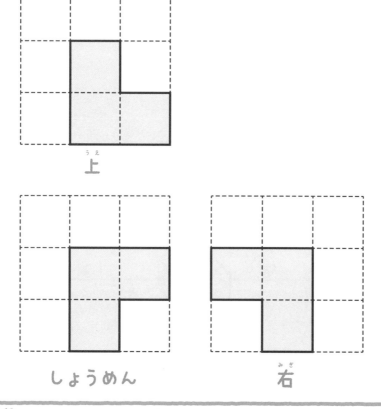

上

しょうめん　　　右

28 穴はどこ？

★★★★☆

「見本」は、しょうめんから見たとき、キューブがある部分を色やもようで示しているよ。下の３つのキューブを「見本」と同じ形になるように組み立てて、うしろから見るとき、どこに穴ができる？　①〜③から選ぼう。

※色やもようが変わっているところでちがうキューブになるよ。

※キューブは、回転させたりうら返したりしてもOK。

使うキューブ

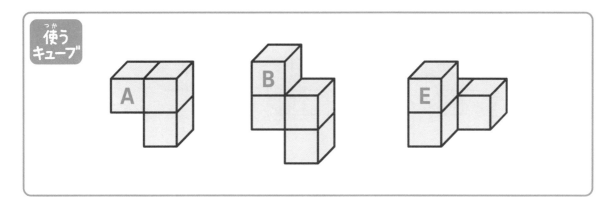

見本

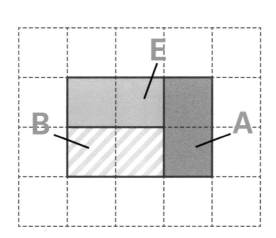

ヒント！

▶ 81 ページ
をチェック

①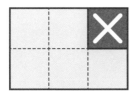

②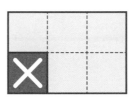

③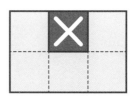

29 階段

★★★★☆

下の8つのキューブの中から4つ使って、「見本」と同じ "階段" をつくろう。

※キューブは、回転させたりうら返したりしてもOK。

※内側にすき間ができないようにつくってね。

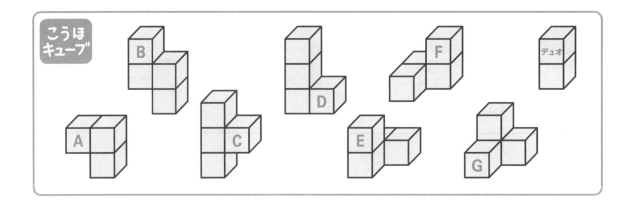

こうほキューブ

B D F デュオ

A C E G

見本

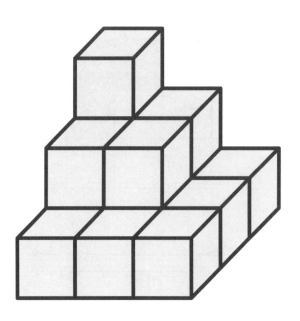

ヒント！

▶ 81ページ
もチェック

★★★★☆

下の7つのキューブの中からいくつかを使って、「見本」にあるような形も大きさも同じ "ふたご" をつくろう。キューブをいくつ使うかから、自分で考えてね。

※キューブは、回転させたりうら返したりしてもOK。
※内側にすき間ができないようにつくってね。

こうほキューブ

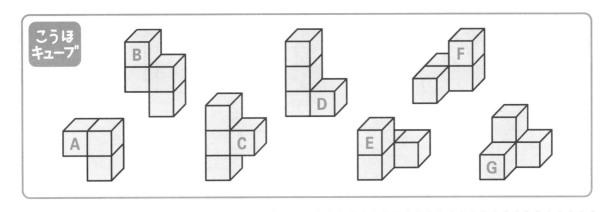

見本

ヒント！

▶ 81ページをチェック

31 設計図

「見本」は、上・左・しょうめん・右からそれぞれ見たとき、キューブがどのように組み合わさっているかを示しているよ。下の9つのキューブが、それぞれどの色やもように当てはまるか考えよう。

※色やもようが変わっているところでちがうキューブになるよ。

※キューブは、回転させたりうら返したりしてもOK。

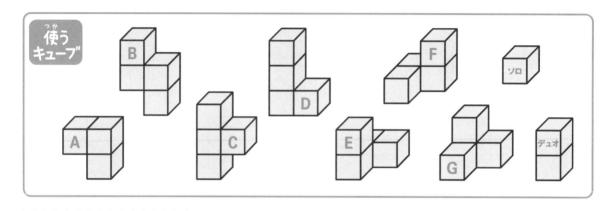

使う
キューブ

見本

上

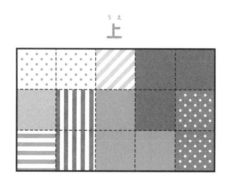

ヒント！

▶ 81ページ
をチェック

左　　　　しょうめん　　　　右

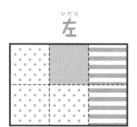
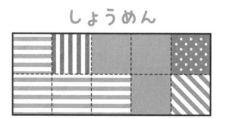

32 正方形パズル

「見本」と同じ正方形をつくるために必要なキューブは、下の9つのうちどれ？

※キューブは、回転させたりうら返したりしてもOK。

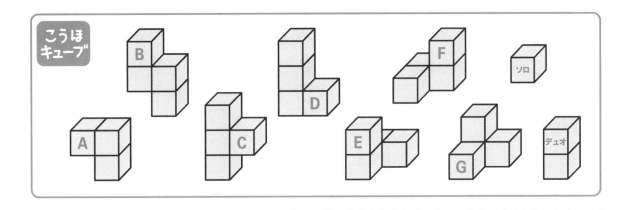

こうほキューブ
B D F ソロ A C E G デュオ

見本

ヒント！
▶ 81ページをチェック

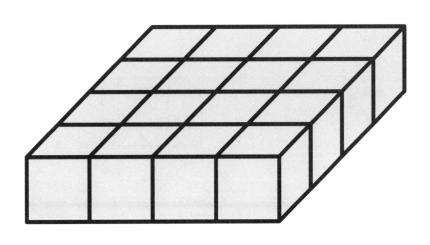

33 でんぐり返し

★★★★☆

下の２つのキューブを、「スタート」のように組み立てて、１〜３の順番に転がしたとき、「ゴール」はどんなすがたになっている？　①〜③から選ぼう。

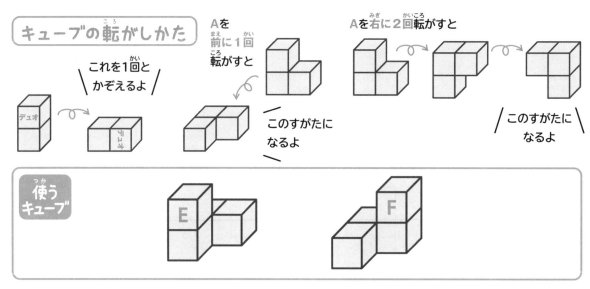

キューブの転がしかた

これを1回とかぞえるよ

Aを前に1回転がすと

このすがたになるよ

Aを右に2回転がすと

このすがたになるよ

使うキューブ

E　F

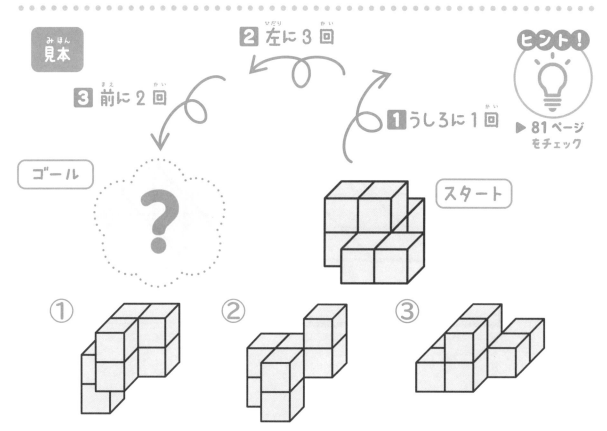

見本

2 左に 3 回

3 前に 2 回

1 うしろに 1 回

ヒント！

▶ 81 ページをチェック

ゴール

？

スタート

①　②　③

Step2

論理的思考力を強化しよう！

Step2 では、感覚だけでは解くことができない問題にもチャレンジ！　正解にたどり着くためにすじ道立てて考える力をきたえます。

はじめる前に

問題を解く前に、巻頭にある「キューブボックス」を組み立てておこう。つくりかたは、5ページの「キューブボックスのつくりかた」を参考にしてね。

準備するもの

● キューブキューブ……全9こ

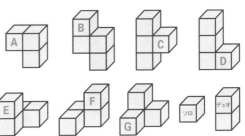

● キューブボックス……1こ

34 立方体パズル

月　日

「スタート」のキューブに、下の「使うキューブ」を加えて、「ゴール」の立方体を完成させるとき、2つのキューブをどうやって組み合わせればいい？まずは、「スタート」のキューブをセットするところから始めてね。

※キューブは、回転させたりうら返したりしてもOK。

使うキューブ

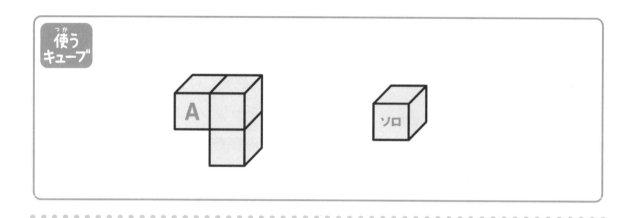

見本

スタート

ゴール

ヒント!

▶ 82 ページ をチェック

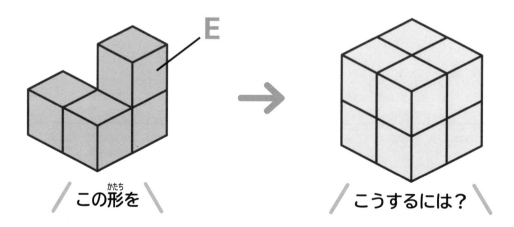

E

＼ この形を ＼　　　＼ こうするには？ ＼

35 転がりスタンプ

下のキューブを「スタート」のように置いて、**1** **2** の順番に転がしたとき、キューブが地めんにふれたあとはどんな形になる？　①〜③から選ぼう。

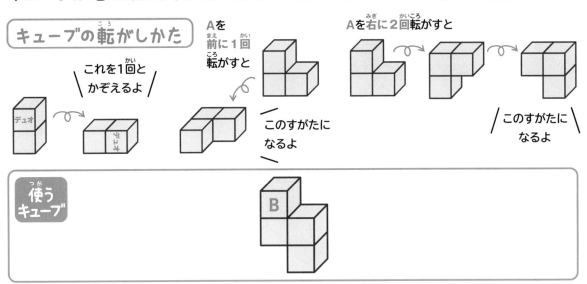

キューブの転がしかた

これを1回とかぞえるよ

Aを前に1回転がすと

Aを右に2回転がすと

このすがたになるよ

このすがたになるよ

使うキューブ

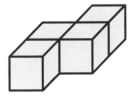

見本　**スタート**

ヒント！
▶ 82ページをチェック

1 前に2回

2 右に1回

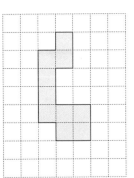 ①

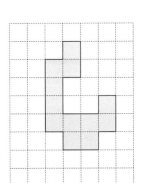 ②

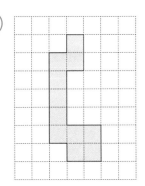 ③

36 ふたご仲間はずれ

下にあるキューブを使って、「見本」のような形も大きさも同じ "ふたご" をつくるとき、使わない "仲間はずれ" のキューブが1つあるよ。仲間はずれのキューブはどれ？

※キューブは、回転させたりうら返したりしてもOK。
※内側にすき間ができないようにつくってね。

こうほキューブ

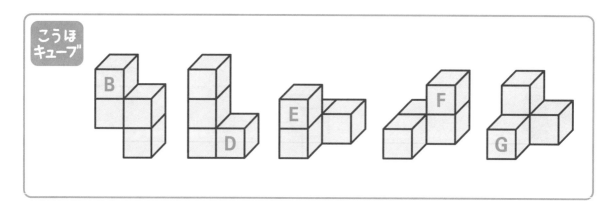

見本

ヒント！ ▶ 82ページをチェック

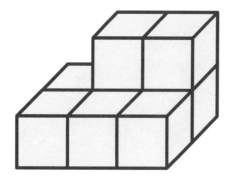
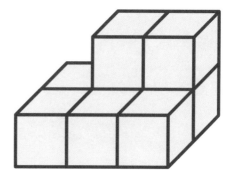

★★★☆☆

37 いす

下の9つのキューブの中からいくつかを使って、「見本」と同じ "いす" を
つくろう。キューブをいくつ使うかから、自分で考えてね。

※キューブは、回転させたりうら返したりしてもOK。

※内側にすき間ができないようにつくってね。

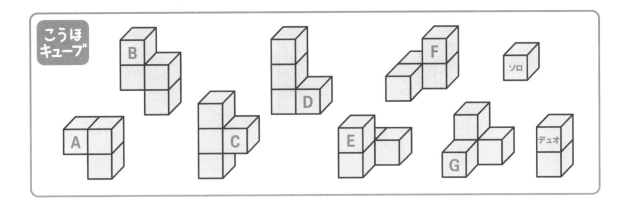

こうほ
キューブ

見本

ヒント！

▶ 82 ページ
モチェック

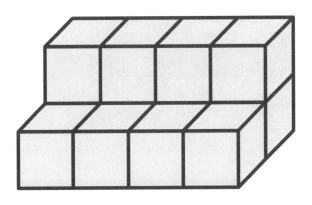

下の３つのキューブを、「見本」と同じ形にならべたとき、ソロを置く場所はどこ？　①〜③から選ぼう。

※キューブは、回転させたりうら返したりしてもOK。

使う
キューブ

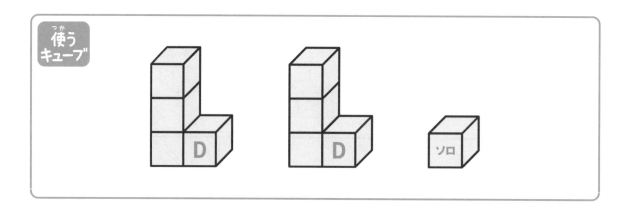

見本

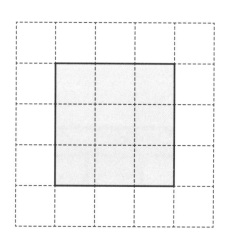

ヒント！

▶ 82 ページ
をチェック

①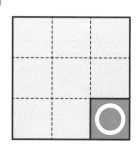

②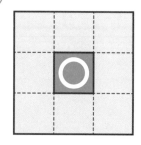

③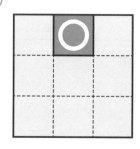

下の２つのキューブを使って、「見本」と同じ立体をつくるとき、**A**は**F**とどのめんでくっついている？　①〜③から選ぼう。

※キューブは、回転させたりうら返したりしてもOK。

 使うキューブ

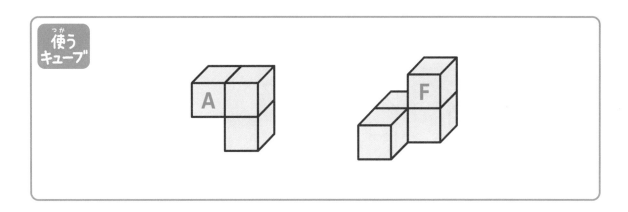

 見本

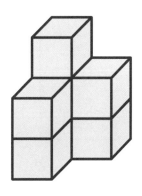

 ヒント！

▶ **82 ページ**をチェック

①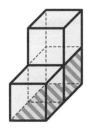

②

③

40 宅配便

「見本」は、箱の中のキューブのある位置を示しているよ。「固定キューブ」を「見本」のように置くとき、箱の中でキューブが動かないようにするには、「荷物キューブ」をどうやって箱につめればいい？　キューブがほかのマスに動かなければ、成功だよ。

※色がついているところにキューブがあるよ。　※キューブは、回転させたりうら返したりしてもOK。

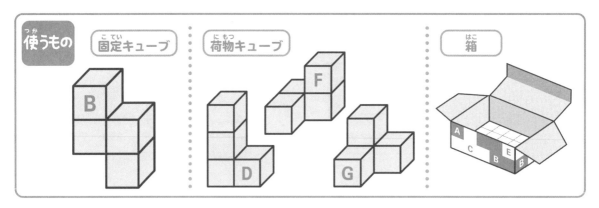

使うもの

固定キューブ　　荷物キューブ　　箱

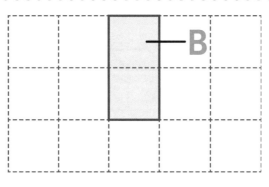

ヒント！

▶ 82 ページ
もチェック

見本

2 だんめ

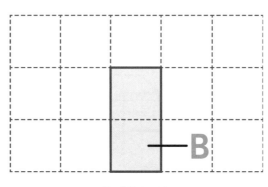

1 だんめ

★★★☆☆

41 切り口は?

下のキューブを、「見本」のように置いて、図で示した3つの点を通るめんで切ったとき、切り口はどんな形になる？ ①〜③から選ぼう。

使うキューブ

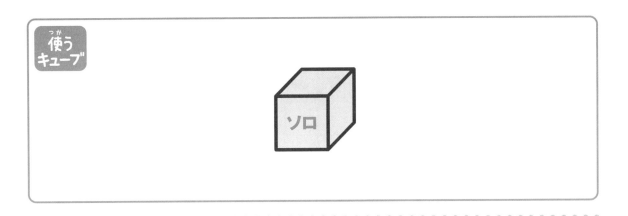

ソロ

見本

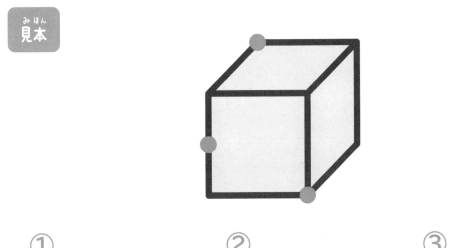

ヒント！
▶ 83 ページ
をチェック

①

②

③

「スタート」のキューブに、下の「使うキューブ」を加えて、「ゴール」の立
方体を完成させるとき、3つのキューブをどうやって組み合わせればいい？
まずは、「スタート」のキューブをセットするところから始めてね。

※キューブは、回転させたりうら返したりしてもOK。

使う
キューブ

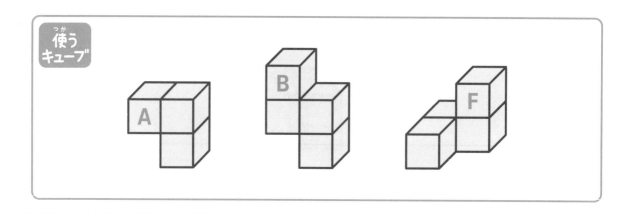

見本

ヒント！

▶ 83 ページ
をチェック

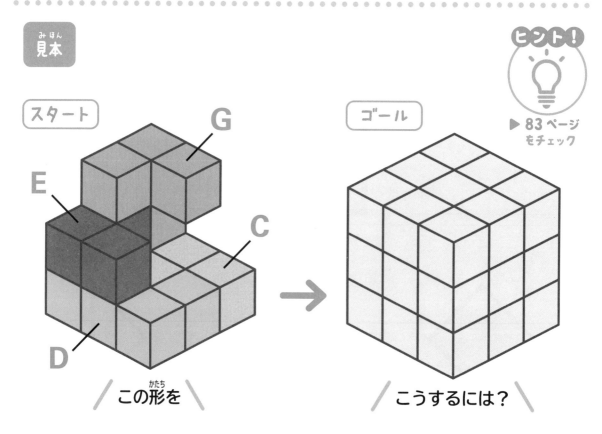

スタート

この形を

ゴール

こうするには？

43 転がりスタンプ

下のキューブを「スタート」のように置いて、**1**～**4**の順番に転がしたとき、キューブが地めんにふれたあとはどんな形になる？　①～③から選ぼう。

※色がこいところは、キューブが2回以上転がった場所だよ。

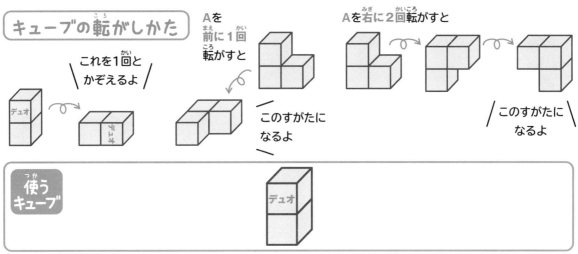

キューブの転がしかた

これを1回とかぞえるよ

Aを前に1回転がすと

このすがたになるよ

Aを右に2回転がすと

このすがたになるよ

使うキューブ　デュオ

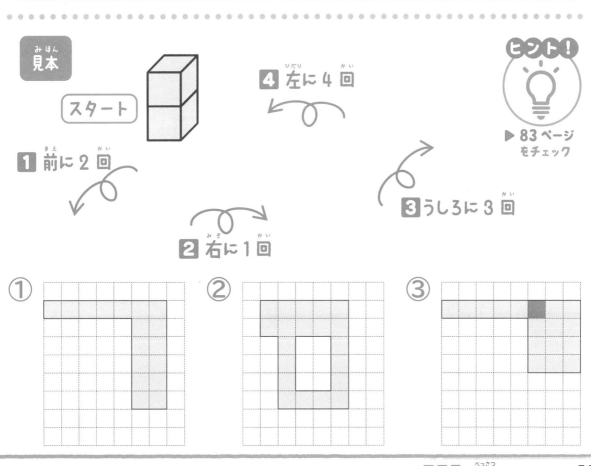

見本

スタート

1 前に2回

2 右に1回

3 うしろに3回

4 左に4回

ヒント！

▶ 83ページもチェック

①

②

③

★★★☆☆

44 ふたご仲間はずれ

月　日

下にあるキューブを使って、「見本」のような形も大きさも同じ "ふたご" をつくるとき、使わない "仲間はずれ" のキューブが1つあるよ。仲間はずれのキューブはどれ？

※キューブは、回転させたりうら返したりしてもOK。
※内側にすき間ができないようにつくってね。

こうほキューブ

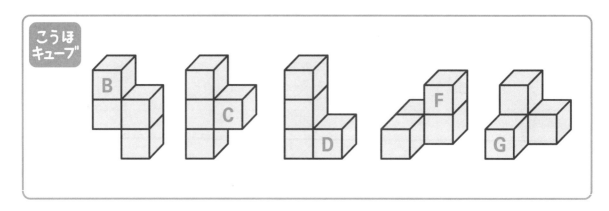

見本

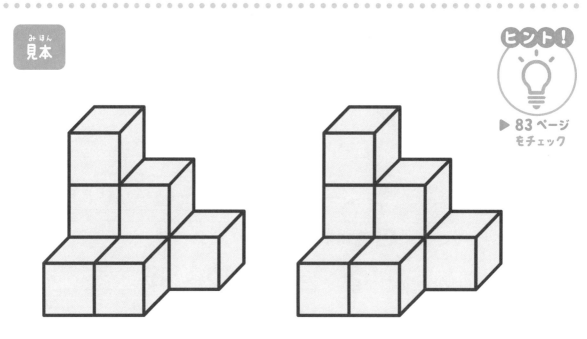

ヒント！

▶ 83ページ
もチェック

45 いす ★★★☆☆

下の９つのキューブの中からいくつかを使って、「見本」と同じ "いす" をつくろう。キューブをいくつ使うかから、自分で考えてね。

※キューブは、回転させたりうら返したりしてもOK。

※内側にすき間ができないようにつくってね。

※Gは、「見本」の位置に入るよ。

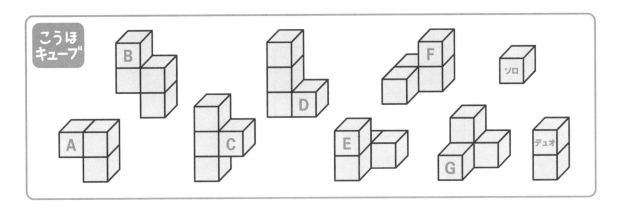

こうほ
キューブ

見本

ヒント！

▶ 83 ページ
をチェック

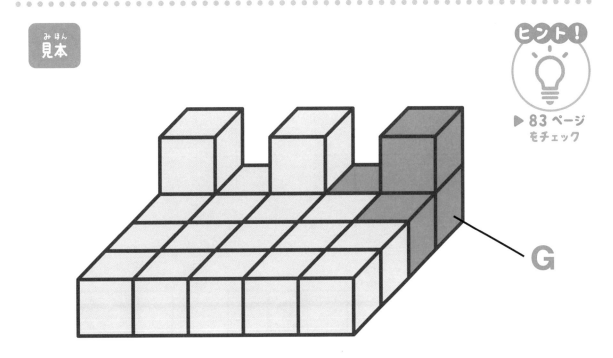

G

46 きみの席はどこ？

下の3つのキューブを、「見本」と同じ形にならべたとき、ソロを置く場所はどこ？　①〜③から選ぼう。

※キューブは、回転させたりうら返したりしてもOK。

使う キューブ

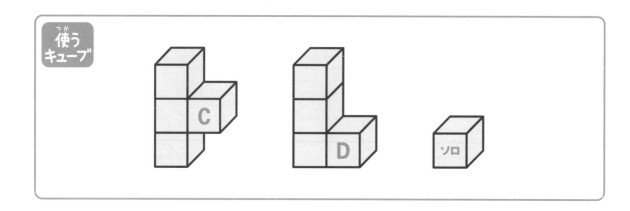

見本

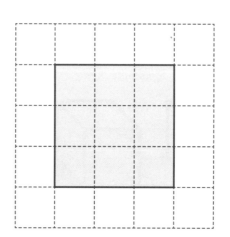

▶ 83 ページ をチェック

① 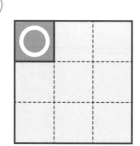　② 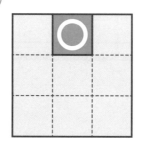　③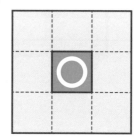

★★★☆☆

47 どこでくっつく？

下の2つのキューブを使って、「見本」と同じ立体をつくるとき、BはCと
どのめんでくっついている？　①～③から選ぼう。

※キューブは、回転させたりうら返したりしてもOK。

※BとCは、「見本」のように組み合わせるよ。

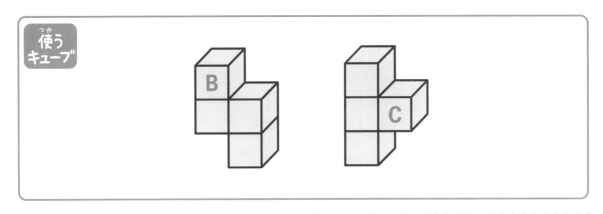

使う
キューブ

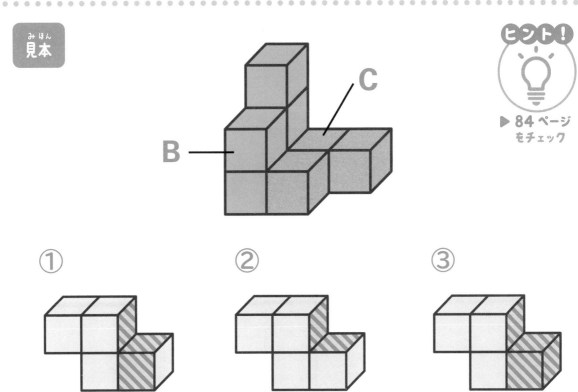

見本

C

B

ヒント！

▶ 84 ページ
をチェック

①　　　　　　　②　　　　　　　③

48 宅配便

★★★☆☆

「見本」は、箱の中のキューブのある位置を示しているよ。「固定キューブ」を「見本」のように置くとき、箱の中でキューブが動かないようにするには、「荷物キューブ」をどうやって箱につめればいい？　キューブがほかのマスに動かなければ、成功だよ。

※色がついているところにキューブがあるよ。　※キューブは、回転させたりうら返したりしてもOK。

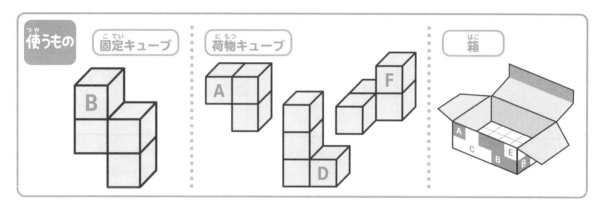

2 だんめ

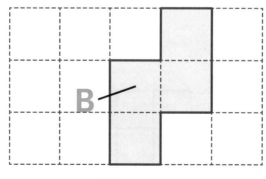

1 だんめ

ヒント！

▶ 84 ページ
をチェック

49 切り口は?

下のキューブを、「見本」のように置いて、図で示した3つの点を通るめんで切ったとき、切り口はどんな形になる？ ①〜③から選ぼう。

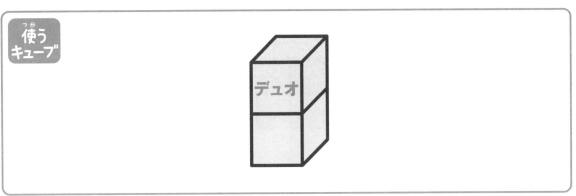

使うキューブ

デュオ

見本

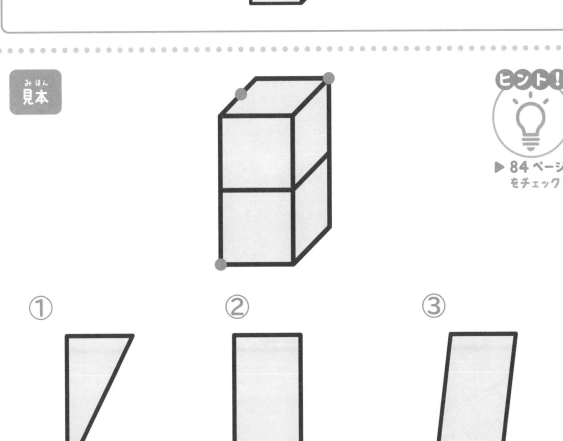

ヒント!

▶ 84ページ
をチェック

①　　　　　　②　　　　　　③

50 立方体パズル

「スタート」のキューブに、下の「使うキューブ」を加えて、「ゴール」の立方体を完成させるとき、3つのキューブをどうやって組み合わせればいい？まずは、「スタート」のキューブをセットするところから始めてね。

※キューブは、回転させたりうら返したりしてもOK。

使う
キューブ

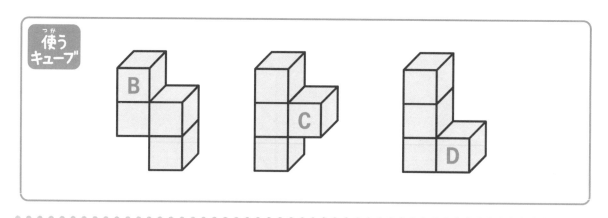

見本

スタート

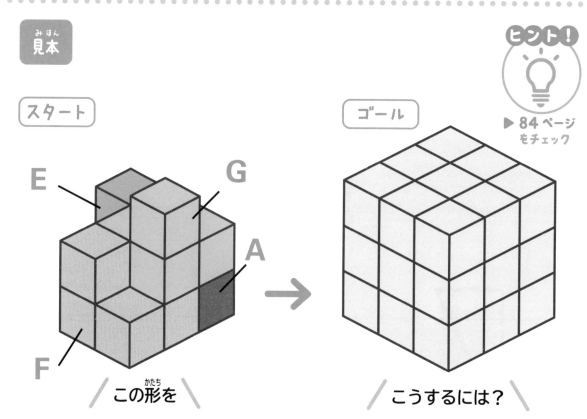

この形を　　　　　　　　　　こうするには？

ヒント！

▶ 84 ページ
もチェック

ゴール

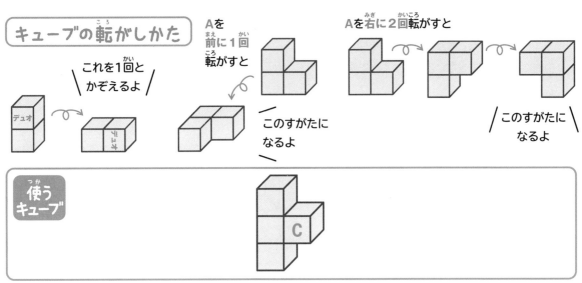

51 転がりスタンプ

★★★☆☆

月　日

下のキューブを「スタート」のように置いて、 **1**〜**3** の順番に転がしたとき、キューブが地めんにふれたあとはどんな形になる？　①〜③から選ぼう。

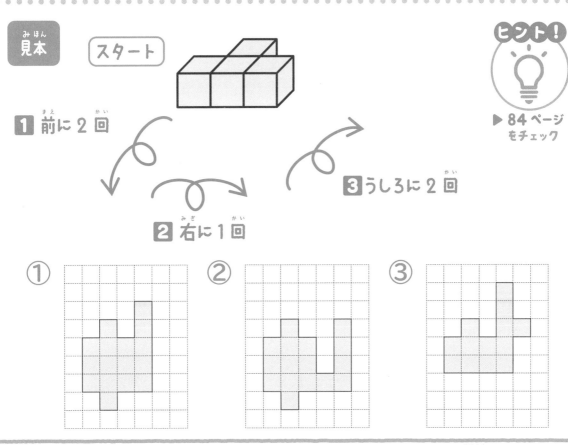

見本

スタート

1 前に 2 回

2 右に 1 回

3 うしろに 2 回

ヒント！

▶ 84 ページもチェック

① ② ③

★★★☆☆

52 ふたご仲間はずれ

□月□日

下にあるキューブを使って、「見本」のような形も大きさも同じ"ふたご"をつくるとき、使わない"仲間はずれ"のキューブが1つあるよ。仲間はずれのキューブはどれ？

※キューブは、回転させたりうら返したりしてもOK。

※内側にすき間ができないようにつくってね。

こうほキューブ

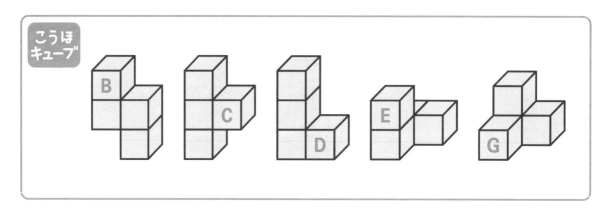

見本

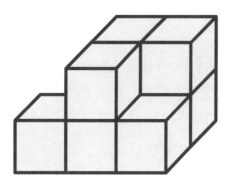
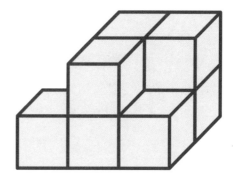

ヒント！

▶ 85ページもチェック

53 いす

下の９つのキューブの中からいくつかを使って、「見本」と同じ "いす" を
つくろう。キューブをいくつ使うかから、自分で考えてね。

※キューブは、回転させたりうら返したりしてもOK。

※内側にすき間ができないようにつくってね。

※Bは、「見本」の位置に入るよ。

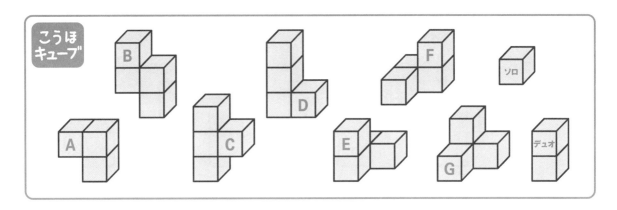

こうほ
キューブ

B　F　ソロ

D

A　C　E　G　デュオ

見本

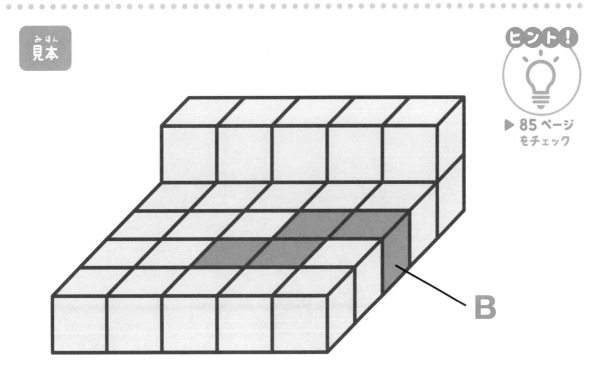

B

ヒント！

▶ 85ページ
もチェック

54 きみの席はどこ？

下の4つのキューブを、「見本」と同じ形にならべたとき、ソロを置く場所はどこ？　①〜③から選ぼう。

※キューブは、回転させたりうら返したりしてもOK。

 使う
キューブ

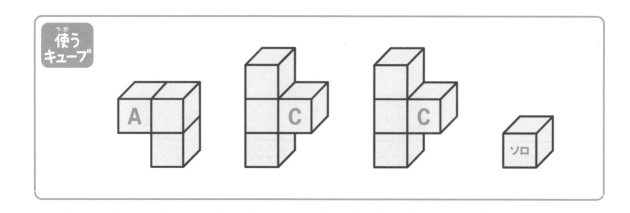

 見本

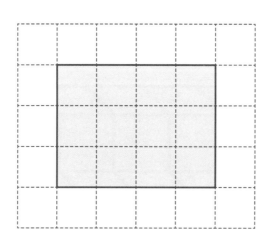

ヒント！

▶ 85 ページ
をチェック

①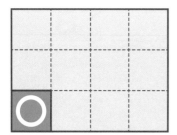

②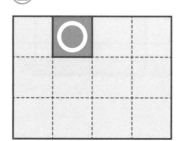

③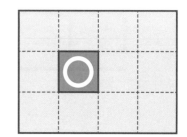

下の２つのキューブを使って、「見本」と同じ立体をつくるとき、**D**は**F**と
どのめんでくっついている？　①〜③から選ぼう。

※キューブは、回転させたりうら返したりしてもOK。

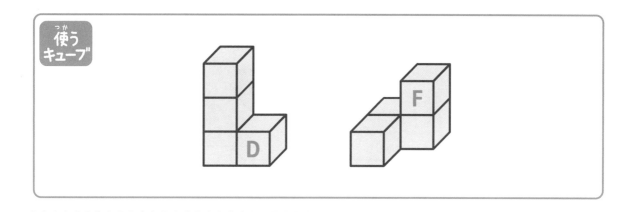

使う
キューブ

見本

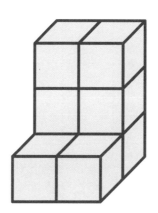

ヒント！

▶ **85 ページ**
をチェック

①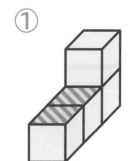

②

③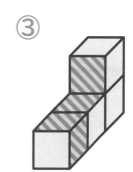

56 宅配便

「見本」は、箱の中のキューブのある位置を示しているよ。「固定キューブ」を「見本」のように置くとき、箱の中でキューブが動かないようにするには、「荷物キューブ」をどうやって箱につめればいい？　キューブがほかのマスに動かなければ、成功だよ。

※色がついているところにキューブがあるよ。　※キューブは、回転させたりうら返したりしてもOK。

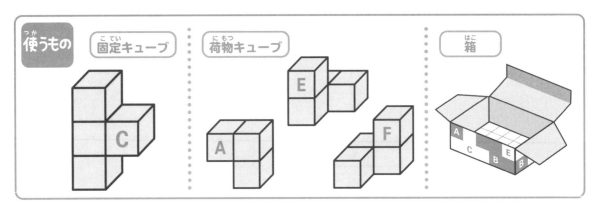

見本

ヒント！

▶ 85 ページ をチェック

2 だんめ

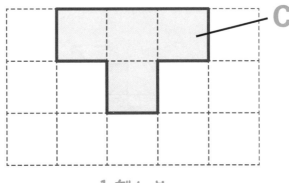

1 だんめ

57 切り口は？

下のキューブを、「見本」のように置いて、図で示した3つの点を通るめんで切ったとき、切り口はどんな形になる？ ①〜③から選ぼう。

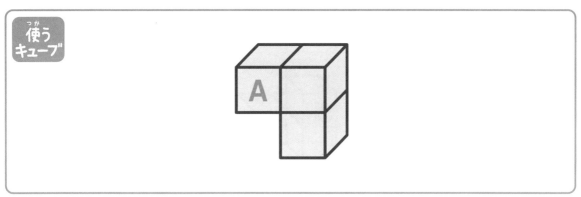

使う キューブ

A

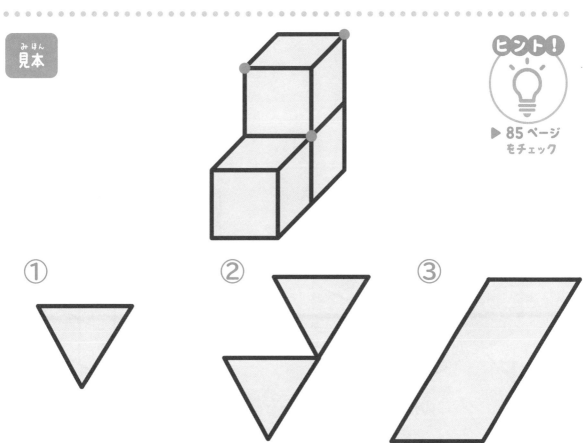

見本

ヒント！

▶ 85ページ をチェック

① ② ③

58 立方体パズル

「スタート」のキューブに、下の「使うキューブ」を加えて、「ゴール」の立方体を完成させるとき、３つのキューブをどうやって組み合わせればいい？

まずは、「スタート」のキューブをセットするところから始めてね。

※キューブは、回転させたりうら返したりしてもOK。

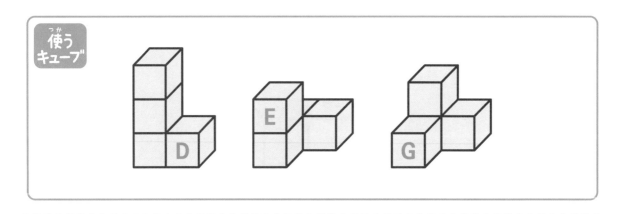

使う
キューブ

D E G

見本

ヒント！

▶ 86 ページ
をチェック

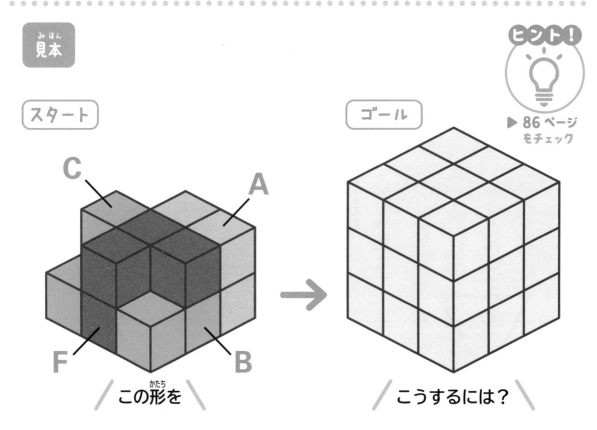

スタート

C A

F B

この形を

ゴール

こうするには？

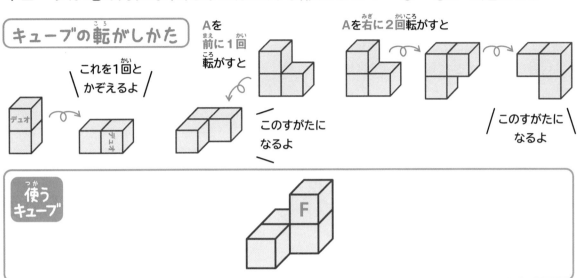

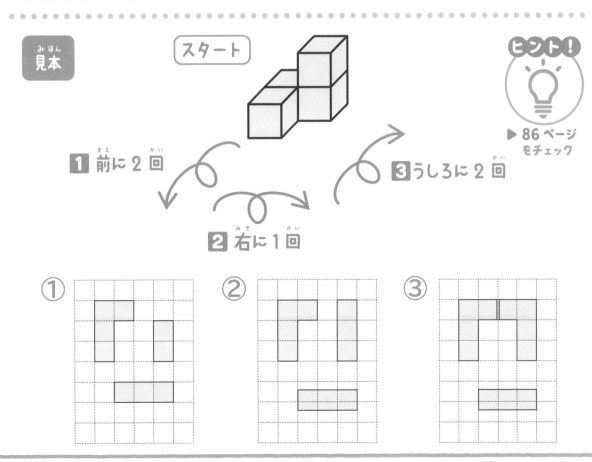

下のキューブを「スタート」のように置いて、１～３の順番に転がしたとき、キューブが地めんにふれたあとはどんな形になる？　①～③から選ぼう。

キューブの転がしかた

これを1回とかぞえるよ

Aを前に1回転がすと

このすがたになるよ

Aを右に2回転がすと

このすがたになるよ

デュオ

使うキューブ

F

見本

スタート

ヒント！

▶ 86 ページをチェック

１ 前に 2 回

２ 右に 1 回

３ うしろに 2 回

①

②

③

60 ふたご仲間はずれ

下にあるキューブを使って、「見本」のような形も大きさも同じ "ふたご" をつくるとき、使わない "仲間はずれ" のキューブが1つあるよ。仲間はずれのキューブはどれ？

※キューブは、回転させたりうら返したりしてもOK。

※内側にすき間ができないようにつくってね。

こうほ
キューブ

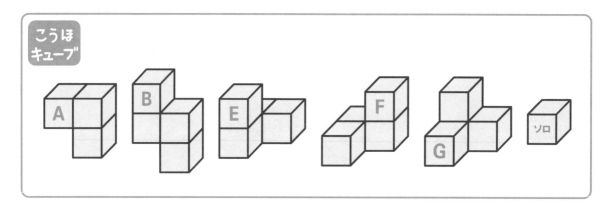

見本

ヒント！

▶ 86ページ
をチェック

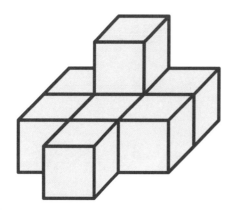

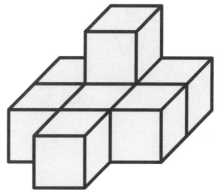

61 いす

下の9つのキューブの中からいくつかを使って、「見本」と同じ "いす" を
つくろう。キューブをいくつ使うかから、自分で考えてね。

※キューブは、回転させたりうら返したりしてもOK。

※内側にすき間ができないようにつくってね。

※Cは、「見本」の位置に入るよ。

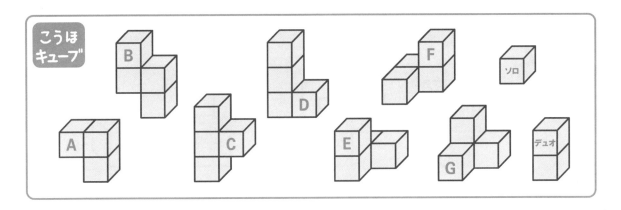

こうほ
キューブ

見本

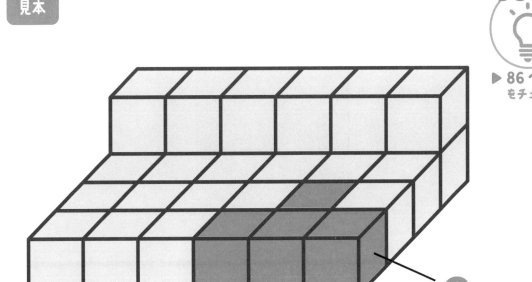

ヒント！

▶ 86 ページ
をチェック

月 日

62 きみの席はどこ？

下の４つのキューブを、「見本」と同じ形にならべたとき、ソロを置く場所はどこ？ ①～③から選ぼう。

※キューブは、回転させたりうら返したりしてもOK。

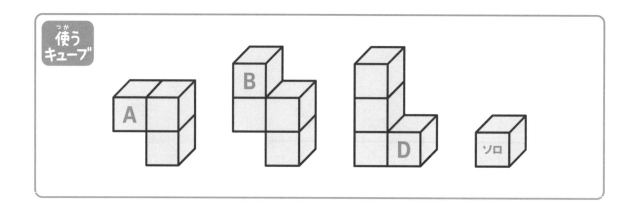

見本

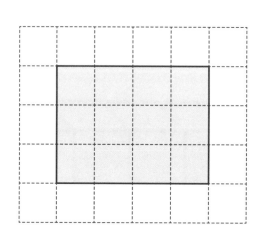

ヒント！

▶ 86 ページ
をチェック

①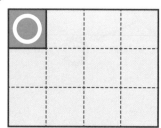

②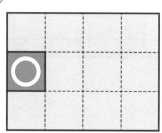

③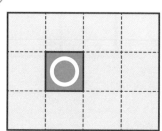

70 こたえ→別冊 14 ページ

★★★★☆

月　日

63 どこでくっつく？

下の２つのキューブを使って、EがFの上にくっつくように組み立てて、「見本」と同じ立体をつくるとき、FはEとどのめんでくっついている？①〜③から選ぼう。

※キューブは、回転させたりうら返したりしてもOK。

使うキューブ

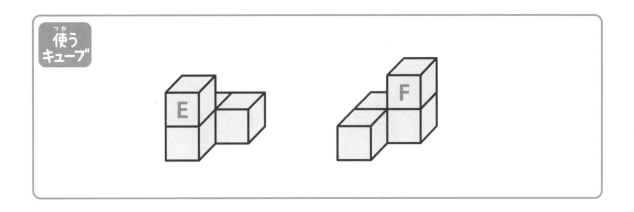

 見本

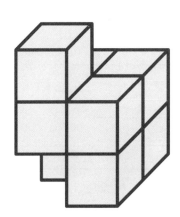

▶ 86 ページをチェック

①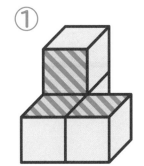

②

③

64 宅配便
★★★★☆

「見本」は、箱の中のキューブのある位置を示しているよ。「固定キューブ」を「見本」のように置くとき、箱の中でキューブが動かないようにするには、「荷物キューブ」をどうやって箱につめればいい？　キューブがほかのマスに動かなければ、成功だよ。

※色がついているところにキューブがあるよ。　※キューブは、回転させたりうら返したりしてもOK。

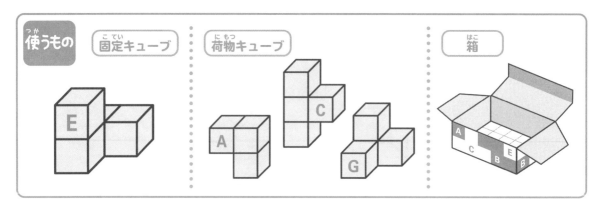

使うもの　固定キューブ　荷物キューブ　箱

見本

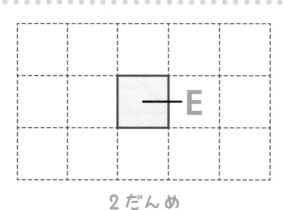

2 だんめ

ヒント！

▶ 86 ページ
をチェック

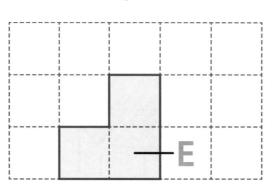

1 だんめ

下のキューブを、「見本」のように置いて、図で示した３つの点を通るめんで切ったとき、切り口はどんな形になる？　①〜③から選ぼう。

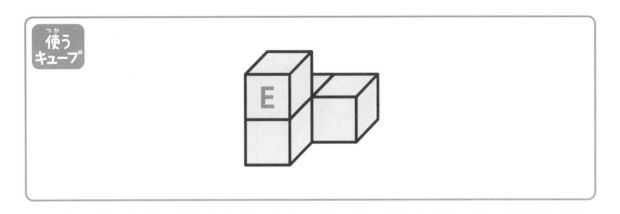

使うキューブ

E

見本

ヒント！

▶ 87ページ
をチェック

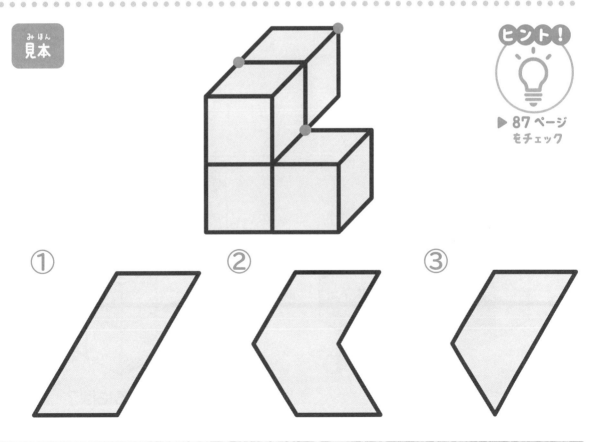

① ② ③

66 立方体パズル

★★★★★

「スタート」のキューブに、下の「使うキューブ」を加えて、「ゴール」の立方体を完成させるとき、4つのキューブをどうやって組み合わせればいい？まずは、「スタート」のキューブをセットするところから始めてね。

※キューブは、回転させたりうら返したりしてもOK。

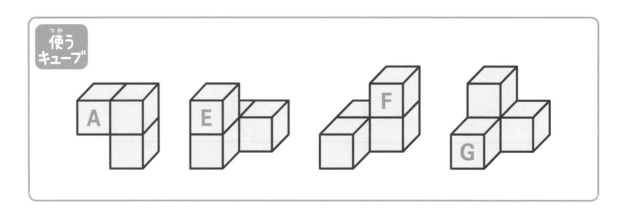

使うキューブ

見本

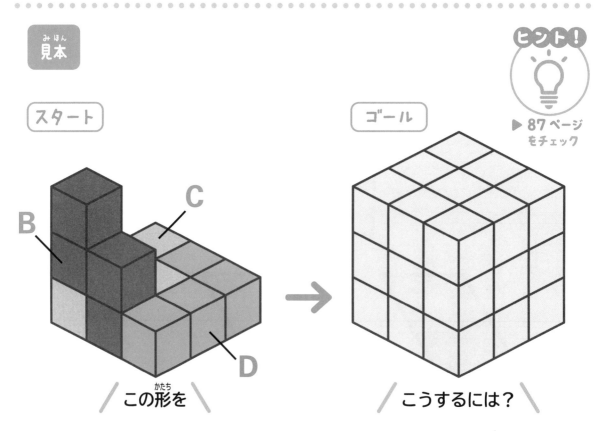

スタート　　この形を

ゴール　　こうするには？

ヒント！
▶ 87 ページをチェック

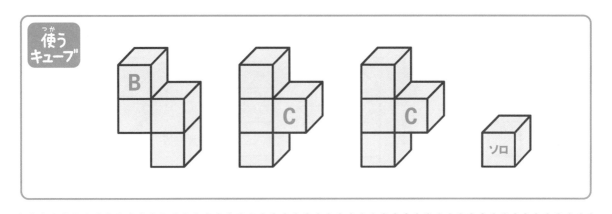

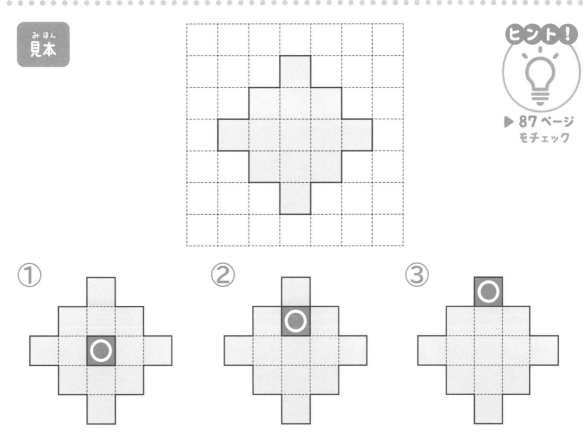

下の４つのキューブを、「見本」と同じ形にならべたとき、ソロを置く場所はどこ？　①〜③から選ぼう。

※キューブは、回転させたりうら返したりしてもOK。

▶ 87 ページ
もチェック

68 宅配便

★★★★★

「見本」は、箱の中のキューブのある位置を示しているよ。「固定キューブ」を「見本」のように置くとき、箱の中でキューブが動かないようにするには、「荷物キューブ」をどうやって箱につめればいい？　キューブがほかのマスに動かなければ、成功だよ。

※色がついているところにキューブがあるよ。　※キューブは、回転させたりうら返したりしてもOK。

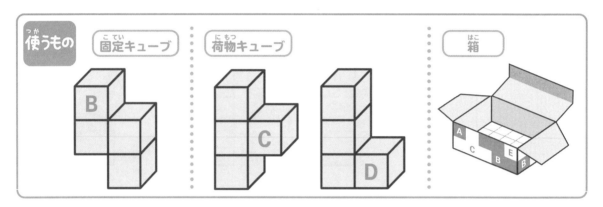

使うもの

固定キューブ　荷物キューブ　箱

B　C　D

見本

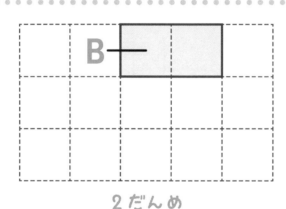

B

ヒント！

▶ 87ページ
をチェック

2 だんめ

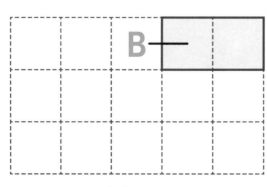

B

1 だんめ

こたえ→別冊15ページ

Step 1～2の問題を解くヒント集だよ。まずは自力で解いてみることが大切。でも、どうしても正解にたどり着かないときに、問題を解くための手がかりとして参考にしてね。

ヒント集

Step 1

01 正方形パズル 8ページ

「見本」のマスの数をかぞえてみよう。「見本」の正方形は、4マスでできているね。それがわかったら、「こうほキューブ」の中から、合計4マスになるキューブの組み合わせを考えよう。

4マスでできているよ

02 でんぐり返し 9ページ

Bを①前に2回転がすと、右の図のようになるよ。ここからさらに②右に2回転がすと、どんなすがたになるか、考えてみよう。

① 前に2回のあとは……

03 この形はどれ? 10ページ

まずは「上」の図に注目しよう。上から見たときに、ヨコ3マスになるキューブはどれかな? それがわかったら、「しょうめん」と「右」の形を手がかりに、当てはまるキューブを見つけよう。

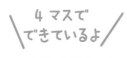

上

04 穴はどこ? 11ページ

「見本」の形から、まずはGの置きかたが決まるよ。これを手がかりに、残りのキューブの組み立てかたを考えよう。

05 階段 12ページ

「見本」のマスの数をかぞえてみよう。「見本」の階段は、4マスでできているから、合計4マスになるキューブの組み合わせを考えてね。また、キューブを全部でいくつ使うかもポイントだよ。

4マスでできているよ

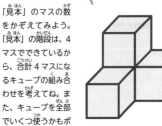

06 おしくらまんじゅう 13ページ

ヒント！

外に出ているめんの数を最も少なくするには、キューブどうしをできるだけ多くのめんでくっつけることがポイントだよ。1 2ともに、ふくざつな形のGに注目しよう。段差になっている部分のめんを、できるだけ多くくっつけるには、どんな形にすればいいかな？

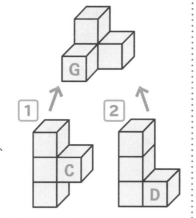

07 ふたご 14ページ

ヒント！

マルでかこんだ部分に注目しよう。前に1マスとび出す形がつくれるのは、どのキューブかな？ まずは当てはまるキューブを置いてみて、残りのキューブで「見本」の形をつくれるかどうか、ためしてみよう。

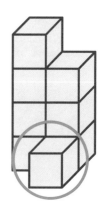

08 設計図 15ページ

ヒント！

「しょうめん」の図で、Dが入るとわかるところがあるよ。これを手がかりに、残りのキューブの組み立てかたを考えよう。

しょうめん

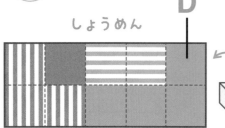

D

09 正方形パズル 16ページ

ヒント！

「見本」のマスの数をかぞえてみよう。「見本」の正方形は、9マスでできているね。「こうほキューブ」の中から、合計9マスになるキューブの組み合わせを考えよう。また、「見本」の形にも注目しよう。正方形が平たい形をしていることから、平らなキューブだけを使うことがわかるね。

9マスでできているよ

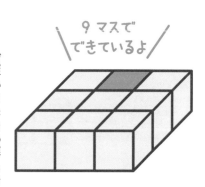

10 でんぐり返し 17ページ

ヒント！

Eを1前に2回転がすと、右の図のようになるよ。ここからさらに2右に9回転がすと、どうなるかな？ 同じ方向に4回転がすと、元通りになるのがポイントだよ。

1前に2回のあとは……

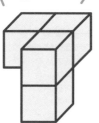

11 この形はどれ？ 18ページ

ヒント！

まずは「上」の図に注目しよう。上から見たときにこの形になるキューブは、全部で3つあるね。それがわかったら、「しょうめん」と「右」の形を手がかりに、当てはまるキューブを見つけよう。

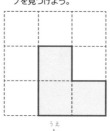

上

12 穴はどこ？ 19ページ

ヒント！

「見本」の形から、まずはCの置きかたが決まるよ。これを手がかりに、残りのキューブとの組み立てかたを考えよう。

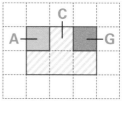

C

13 階段 [20ページ]

ヒント！

「見本」のマスの数をかぞえてみよう。「見本」の階段は、5マスでできているから、合計5マスになるキューブの組み合わせを考えてね。また、使うキューブの数もポイント。2つで5マスになるキューブの組み合わせはどれか、考えてみよう。

5マスでできているよ

14 おしくらまんじゅう [21ページ]

ヒント！ 外に出ているめんの数を最も少なくするには、キューブどうしをできるだけ多くのめんでくっつけることがポイントだよ。

1 AとGとソロをうまくくっつけると、凸凹のない、きれいな立体がつくれるよ。どんな形になるか、わかるかな？

きれいな形になるよ

?

2 めんの数を最も少なくするとき、3つのキューブは9か所、合計18めんでくっつくよ。

合計18めんでくっつくよ

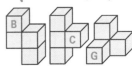

15 ふたご [22ページ]

ヒント！

「見本」のマスの数に注目しよう。「見本」が8マスでできていることから、それぞれ、合計8マスになるキューブの組み合わせを考えるよ。これを手がかりに、「見本」の形をつくってみよう。

8マスでできているよ

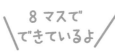

16 設計図 [23ページ]

ヒント！

「上」と「しょうめん」の図で、それぞれGとBが入るとわかるところがあるよ。これを手がかりに、残りのキューブとの組み立てかたを考えよう。

上 G

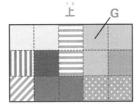
G

B

しょうめん

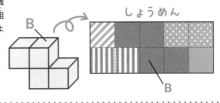
B

17 正方形パズル [24ページ]

ヒント！

「見本」のマスの数をかぞえてみよう。「見本」の正方形は、9マスでできているから、合計9マスになるキューブの組み合わせを考えよう。ソロを使うことが決まっているので、残り8マスで考えよう。

9マスでできているよ

18 でんぐり返し [25ページ]

ヒント！

Fを1うしろに1回転がすと、右の図のようになるよ。ここからさらに2右に2回、3前に7回転がすと、どうなるかな？同じ方向に4回転がすと、元通りになるのがポイントだよ。

1 うしろに1回のあとは……

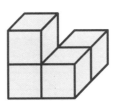

19 この形はどれ？ [26ページ]

ヒント！

まずは「右」の図に注目しよう。右から見たときにこの形になるキューブは、全部で4つあるね。それがわかったら、「しょうめん」と「上」の形を手がかりに、当てはまるキューブを見つけよう。

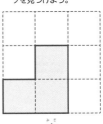

右

79

20 穴はどこ？ 27 ページ

ヒント！

「見本」の形から、まずはFの置きかたが決まるよ。これを手がかりに、残りのキューブとの組み立てかたを考えよう。

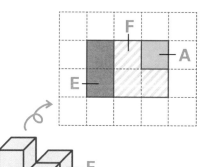

21 階段 28 ページ

ヒント！

「見本」のマスの数をかぞえてみよう。「見本」の階段は、10マスでできているから、合計10マスになるキューブの組み合わせを考えてね。また、使うキューブの数もポイント。3つで10マスになるキューブの組み合わせはどれか、考えてみよう。

10 マスでできているよ

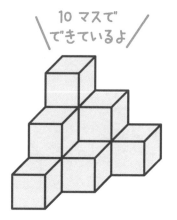

22 おしくらまんじゅう 29 ページ

ヒント！

外に出ているめんの数を最も少なくするには、キューブどうしをできるだけ多くのめんでくっつけることがポイントだよ。1 2ともに、うまくくっつけると、凸凹のない、きれいな立体がつくれるよ。それぞれのキューブの形に注目して、凸と凹をくっつけるように組み合わせてみよう。

 1 2

きれいな形になるよ

?

23 ふたご 30 ページ

ヒント！

マルでかこんだ部分に注目しよう。上に2つとび出す形をつくるには、どうすればいいかな？ まずは使えそうなキューブを置いてみて、残りのキューブをうまく組み立てることができるか、ためしてみよう。

24 設計図 31 ページ

ヒント！

「右」の図で、Dが入るとわかるところがあるよ。これを手がかりに、残りのキューブとの組み立てかたを考えよう。

右

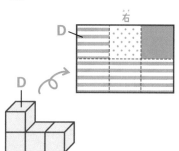

25 正方形パズル 32 ページ

ヒント！

「見本」のマスの数をかぞえてみよう。「見本」の正方形は、9マスでできているから、合計9マスになるキューブの組み合わせかたを考えよう。デュオを使うことが決まっているので、残りは7マスだよ。

9 マスでできているよ

26 でんぐり返し 33 ページ

ヒント！

BとDで「スタート」の立体を組み立てたものを横から見ると、右の図のように、1つとび出るマスがあるよ。このことに気をつけて順番どおりに転がしてみよう。

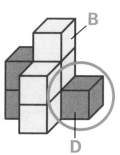

27 この形はどれ？

34ページ

まずは「右」の図に注目しよう。右から見たときに、この形になるキューブは、全部で4つあるね。それがわかったら、「しょうめん」と「上」の形を手がかりに、当てはまるキューブを見つけよう。

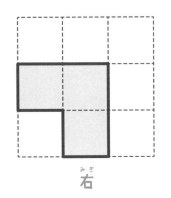

右

28 穴はどこ？

35ページ

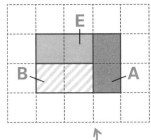

「見本」の形から、まずはBの置きかたが決まるよ。これを手がかりに、残りのキューブとの組み立てかたを考えよう。

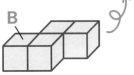

B

29 階段

36ページ

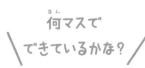

何マスでできているかな？

「見本」のマスの数をかぞえてみよう。「見本」の階段は、何マスでできているかな？　また、マスの数と、使うキューブの数に注目すると、必ず使わないといけないキューブが1つあることがわかるよ。これらを手がかりに、使うキューブの組み合わせを考えてみよう。

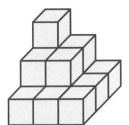

30 ふたご

37ページ

マルでかこんだ部分に注目しよう。タテに3つならんだ形をつくるには、どうすればいいかな？　まずは使えそうなキューブを置いてみて、残りのキューブをうまく組み立てることができるか、ためしてみよう。

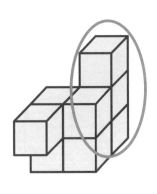

31 設計図

38ページ

「しょうめん」の図で、Dが入るとわかるところがあるよ。これを手がかりに、残りのキューブとの組み立てかたを考えよう。

しょうめん

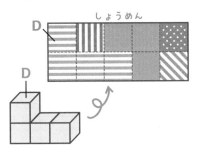

D

D

32 正方形パズル

39ページ

「見本」のマスの数をかぞえてみよう。「見本」の正方形は、16マスでできているね。また、「見本」の形にも注目しよう。正方形が平たい形をしていることから、平らなキューブだけを使うことがわかるよ。

16マスでできているよ

33 でんぐり返し

 40ページ

EとFで「スタート」の立体を組み立てたものを横から見ると、右の図のように、2つとび出るマスがあるよ。このことに気をつけて順番どおりに転がしてみよう。

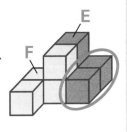

E

F

81

34 立方体パズル

42 ページ

 ヒント！

使うキューブのうち、まずはAをEと組み合わせてみよう。Aの置きかたが決まれば、ソロの置きかたも決まるよ。

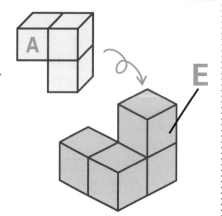

A / E

35 転がりスタンプ

43 ページ

ヒント！

「見本」のように転がすときの、キューブの動きに注目しよう。「スタート」から、前に1回だけ転がしたとき、地めんにふれたあとは右の図のようになっているよ。これをもとに、１前に2回、２右に1回転がすとどうなるか、考えてみよう。

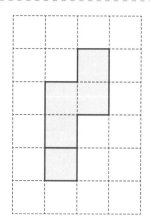

36 ふたご仲間はずれ

44 ページ

 ヒント！

マルでかこんだ部分に注目しよう。上に2マスとび出した形がつくれるのは、どのキューブかな？ これを手がかりに、残りのキューブの組み合わせを考えよう。

37 いす

45 ページ

 ヒント！

「見本」のマスの数をかぞえてみよう。「見本」は、12マスでできているね。これを手がかりに、キューブの合計が12マスになるような組み合わせを考えながら、キューブを組み立てよう。

12マスでできているよ

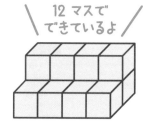

38 きみの席はどこ？

46 ページ

 ヒント！

まずは、Dを1つ置いてみよう。「見本」の形から、Dの置きかたはおのずと決まるよ。これに合わせて、もう1つのDを置けば、ソロの位置がわかるね。

D

39 どこでくっつく？

47 ページ

 ヒント！

「見本」の立体は、AとFを右の図のように組み合わせてつくるよ。同じ立体をつくり、AがFとどのめんでくっついているかをたしかめてみよう。

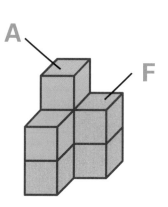
A / F

40 宅配便

48 ページ

キューブが動かないように「荷物キューブ」をつめるには、Dの置きかたがポイント。Dはタテにして2だんぶんの高さを出すのではなく、ヨコにねかせて、1だんめに使おう。これを手がかりに、残りのキューブのつめかたを考えてね。

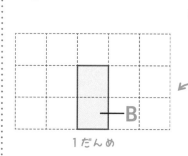
○ D
× D

B

1だんめ

41 切り口は？

49ページ

まずは、切り口のかきかたの手順をたしかめよう！

切り口のかきかた

手順 1　同じめんにある点どうしをすべてむすぶ。

手順 2　線があるめんと向かい合っためんに、めん上にある点を始点として「同じ向き（平行）の線」を引き、立体の辺や頂点にぶつかるところに新しい点をかく。

完成　手順 1 も 2 もできなくなったら、完成。立体の辺にそって切る場合は、切り口の図形は直角になるが、それ以外のところで切る場合は直角にならない。

同じめん □ にある❶と❷、同じめん ▨ にある❷と❸をそれぞれむすぶ

1も2もできなければ完成

線❷❸があるめんと向かい合っためんに、❶を始点として、線❷❸と同じ向きの線を引き、❹をかく

1ができれば1にもどる

同じめん □ にある❸❹をむすぶ

立体の辺にそって切っているので切り口は直角になる

ヒント！

 切り口のかきかたを、とちゅうまで説明するよ。

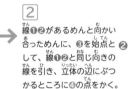

1　同じめんにある❶と❷、❷と❸をそれぞれむすぶ。

2　線❶❷があるめんと向かい合っためんに、❸を始点として、線❶❷と同じ向きの線を引き、立体の辺にぶつかるところに❹の点をかく。

1　❹と同じめんにある点が、どこかにあるね。次はどうすればいいかな？「切り口のかきかた」を参考にしながら、続きを考えよう。

---

42 立方体パズル

50ページ

ヒント！

立方体をうまく完成させるには、置くのがむずかしそうなFの位置から考えるのがポイント。Fのキューブの形から、どう置いてもかならず2マスぶんの高さが出ることがわかるね。残りのキューブをうまく組み立てるには、どんな置きかたをすればいいかな？

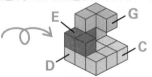

---

43 転がりスタンプ

51ページ

ヒント！

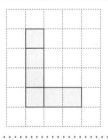

「見本」のように転がすときの、キューブの動きに注目しよう。「スタート」から、❶前に2回、❷右に1回転がしたとき、地めんにふれたあとは右の図のようになっているよ。このあとはどうなるか、考えてみよう。

---

44 ふたご仲間はずれ

52ページ

ヒント！

マルでかこんだ部分に注目しよう。上に1マスとび出した形をつくれるのは、どのキューブかな？　これを手がかりに、残りのキューブの組み合わせを考えよう。

---

45 いす

53ページ

ヒント！

「見本」のマスの数をかぞえてみよう。「見本」は、23マスでできているね。これを手がかりに、キューブの合計が23マスになるような組み合わせを考えながら、キューブを組み立てよう。

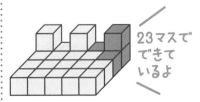

23マスでできているよ

---

46 きみの席はどこ？

54ページ

ヒント！

まずは、Dの置きかたを考えよう。「見本」の形から、Dの置きかたはおのずと決まるよ。Dに合わせてCを置けば、ソロの位置がわかるね。

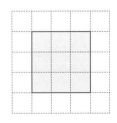

47 どこでくっつく?

55 ページ

ヒント！

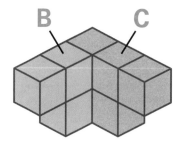

「見本」のようにBとCを組み合わせて、立体を回転させると、右の図のようになるよ。同じ立体をつくり、BがCとどのめんでくっついているかをたしかめてみよう。

48 宅配便

56 ページ

ヒント！Bの右側にAとFを、Bの左側にDを置くのがポイント。また、Bの置きかたに注目しよう。このままだと、箱を上下にひっくり返したときに、Bが動いてしまうね。動かないようにするにはどうすればいいか、考えてみよう。

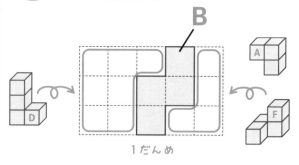

1 だんめ

49 切り口は?

57 ページ

ヒント！切り口のかきかたを、とちゅうまで説明するよ。くわしいかきかたの手順は、83ページの「切り口のかきかた」を参考にしてね。

1 同じめんにある❶と❷、❶と❸をそれぞれむすぶ。

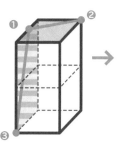

2 線❶❸があるめんと向かい合っためんに、❷を始点として、線❶❸と同じ向きの線を引き、立体の辺にぶつかるところに❹の点をかく。

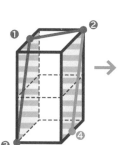

1 ❹と同じめんにある点が、どこかにあるね。次はどうすればいいかな？続きを考えてみよう。

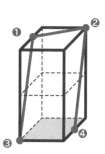

50 立方体パズル

58 ページ

ヒント！

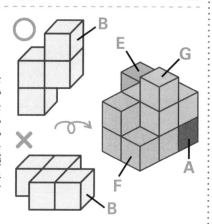

立方体をうまく完成させるには、置くのがむずかしそうでふくざつな形をしたBの位置から考えるのがポイント。Bはねかせた形で置くことはできないので、タテにして使うことがわかるね。これを手がかりに、組み立てかたを考えよう。

51 転がりスタンプ

59 ページ

ヒント！

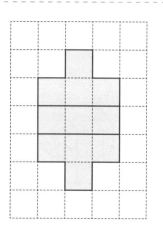

「見本」のように転がすときの、キューブの動きに注目しよう。「スタート」から、1 前に2回転がしたとき、地めんにふれたあとは右の図のようになっているよ。このあとはどうなるか、考えてみよう。

52 ふたご仲間はずれ
60ページ

ヒント！
太線でかこんだ部分に注目しよう。ヨコに3マスならんだ形をつくれるのは、どのキューブかな？ これを手がかりに、残りのキューブの組み合わせを考えよう。

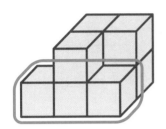

53 いす
61ページ

ヒント！
「見本」のマスの数をかぞえてみよう。「見本」は、何マスでできているかな？マスの数を手がかりに、キューブの組み立てかたを考えてみよう。

何マスでできているかな？

54 きみの席はどこ？
62ページ

ヒント！
まずは、Cを1つ置いてみよう。残りのキューブをうまく置くには、どんな置きかたをすればいいかな？ わからなければ、見本の①②③の場所に実際にソロを置いてみて、うまくならべることができるかをたしかめるのも手だね。

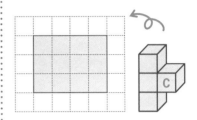

55 どこでくっつく？
63ページ

ヒント！
「見本」の立体は、DとFを右の図のように組み合わせてつくるよ。同じ立体をつくり、DがFとどのめんでくっついているかをたしかめてみよう。

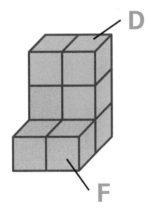

56 宅配便
64ページ

ヒント！
Cの右側にAとFを、Cの左側にEを置くのがポイント。また、Cの置きかたに注目しよう。このままだと、箱を上下にひっくり返したときに、Cが動いてしまうね。動かないようにするにはどうすればいいか、考えてみよう。

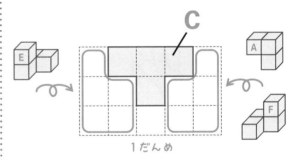

1だんめ

57 切り口は？
65ページ

ヒント！
切り口のかきかたを、とちゅうまで説明するよ。くわしいかきかたの手順は、83ページの「切り口のかきかた」を参考にしてね。

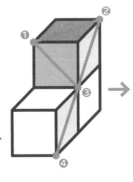

1 同じめんにある❶と❷、❶と❸、❷と❸をそれぞれむすぶ。❷と❸をむすぶときは、立体の頂点にぶつかるまで線をのばして、ぶつかったところに❹の点をかく。

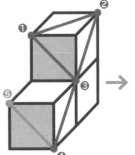

2 線❶❸があるめんと同じ向きのめんに、❹を始点として、線❶❸と同じ向きの線を引き、立体の頂点にぶつかるところに❺の点をかく。

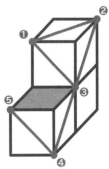

1 ❺と同じめんにある点が、どこかにあるね。次はどうすればいいかな？続きを考えてみよう。

58 立方体パズル

66 ページ

ヒント！ 立方体をうまく完成させるには、置くのがむずかしそうなDの位置から考えるのがポイント。Dの置きかたが決まると、残りのキューブの置きかたもわかるよ。

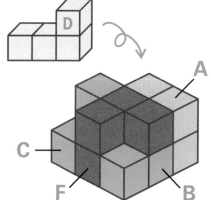

59 転がりスタンプ

67 ページ

ヒント！ 「見本」のように転がすときの、キューブの動きに注目しよう。「スタート」から、１前に２回転がしたとき、地めんにふれたあとは右の図のようになっているよ。このあとはどうなるか、考えてみよう。

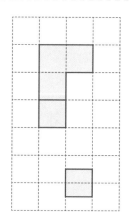

60 ふたご仲間はずれ

68 ページ

ヒント！   マルでかこんだ部分に注目しよう。上に１マスとび出した形をつくれるのは、どのキューブかな？　これを手がかりに、残りのキューブの組み合わせを考えよう。

61 いす

69 ページ

ヒント！ 「見本」のマスの数をかぞえてみよう。「見本」は、何マスでできているかな？マスの数を手がかりに、キューブの組み立てかたを考えてみよう。

何マスでできているかな？

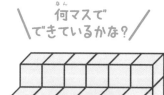

62 きみの席はどこ？

70 ページ

ヒント！ まずは、Dの置きかたを考えよう。Dの３マスならんだ部分をどうやって使うかがポイントだよ。Dの置きかたが決まれば、AとBの置きかたも決まるね。

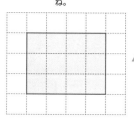

63 どこでくっつく？

71 ページ

ヒント！   EがFの上にくっつくように組み立てるので、「見本」の立体は、右の図のようになるよ。同じ立体をつくり、FがEとどのめんでくっついているかをたしかめてみよう。

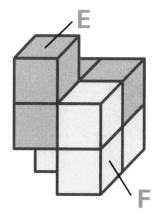

64 宅配便

72 ページ

キューブが動かないように「荷物キューブ」をつめるには、Cの置きかたがポイント。Cはタテにして２だんぶんの高さを出すのではなく、ヨコにねかせて１だんめに使おう。これを手がかりに、残りのキューブのつめかたを考えてね。

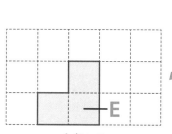

１だんめ

65 切り口は？

65 切り口は？

73ページ

切り口のかきかたを、とちゅうまで説明するよ。くわしいかきかたの手順は、83ページの「切り口のかきかた」を参考にしてね。

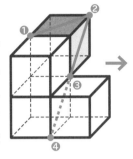

1 同じめんにある❶と❷、❷と❸をそれぞれむすぶ。❷と❸をむすぶときは、立体の辺にぶつかるまで線をのばして、ぶつかったところに❹の点をかく。

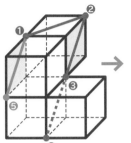

2 線❷❸があるめんと同じ向きのめんに、❶を始点として、線❷❸と同じ向きの線を引き、立体の辺にぶつかるところに❺の点をかく。

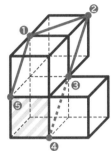

1 ❺と同じめんにある点が、どこかにあるね。次はどうすればいいかな？続きを考えてみよう。

---

66 立方体パズル

74ページ

立方体をうまく完成させるには、ふくざつな形をしたEとFとGに注目しよう。「ゴール」の立方体をつくるには、キューブどうしの凸凹をうまくくっつけるのがポイント。このことを手がかりに、組み立てかたを考えよう。

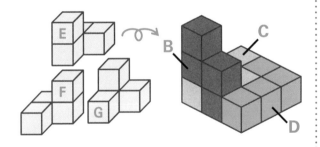

---

67 きみの席はどこ？

75ページ

マルでかこんだ部分に注目しよう。1マスとび出した形をどうやってつくるかがポイントだよ。わからなければ、「見本」の①②③の場所にソロを置いてみて、うまくならべることができるかをたしかめるのも手だね。

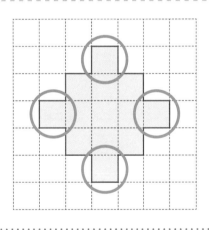

---

68 宅配便

76ページ

マルでかこんだ部分に注目しよう。ここには、1だんめ、2だんめともにキューブは入らないよ。また、「荷物キューブ」のC、Dどちらも、3マスつながった形であることがポイント。これらを手がかりに、キューブが動かないようにするにはどうすればいいか、考えてみよう。

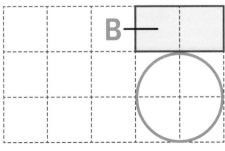

1だんめ

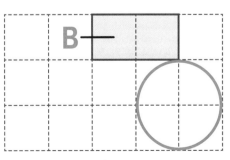

2だんめ

著者紹介

高濱正伸（たかはま まさのぶ）

花まる学習会代表。算数オリンピック委員会理事。1959年熊本県生まれ。県立熊本高校、東京大学・同大学院卒。1993年、大学院の同期生たちと、「数理的思考力」「国語力」「野外体験」に重点を置いた幼児・小学生向けの学習教室「花まる学習会」を設立。『算数脳ドリル 立体王』シリーズ（Gakken）をはじめ、『小3までに育てたい算数脳』（エッセンシャル出版社）、『メシが食える大人になる！ よのなかルールブック』（日本図書センター）など著書多数。

島田直哉（しまだ なおや）

1987年東京都生まれ。長野県長野高校、早稲田大学卒。2010年に花まる学習会に入社。花まる学習会「浦和つくし幼稚園教室」運営責任者、思考力に特化したスクールFCの講座「特算」の統括責任者を歴任。同塾にておもに中学受験を担当。

水口 玲（みずぐち れい）

1979年北海道生まれ。札幌市立札幌新川高校、早稲田大学卒。2006年に花まる学習会に入社。朝日小学生新聞にて「なぞペー」の掲載や、花まる学習会やスクールFCの教材作成に携わりながら、同塾にて中学受験、高校受験を担当。

算数脳ドリル 立体王

思考力キューブドリル
立体図形入門

2023年9月12日 第1刷発行

著者	高濱正伸、島田直哉、水口 玲
発行人	土屋 徹
編集人	志村俊幸
編集長	阿部桂子
編集	木下果林
校正	曽我佳代子（有限会社パピルス21）
表紙・本文デザイン	髙島光子、大場由紀（株式会社ダイアートプランニング）
本文デザイン・DTP	株式会社アド・クレール
発行所	株式会社Gakken
	〒141-8416 東京都品川区西五反田2-11-8
印刷所	図書印刷株式会社

●この本に関する各種お問い合わせ先
・本の内容については、下記サイトのお問い合わせフォームよりお願いします。
　https://www.corp-gakken.co.jp/contact/
・在庫については　Tel 03-6431-1199（販売部）
・不良品（落丁・乱丁）については　Tel 0570-000577
　学研業務センター　〒354-0045　埼玉県入間郡三芳町上富279-1
・上記以外のお問い合わせは　Tel 0570-056-710（学研グループ総合案内）

©花まる学習会／Gakken 2023 Printed in Japan

本書の無断転載、複製、複写（コピー）、翻訳を禁じます。
本書を代行業者等の第三者に依頼してスキャンやデジタル化することは、たとえ個人や家庭内の利用であっても、著作権法上、認められておりません。

学研グループの書籍・雑誌についての新刊情報・詳細情報は、下記をご覧ください。
学研出版サイト　https://hon.gakken.jp/

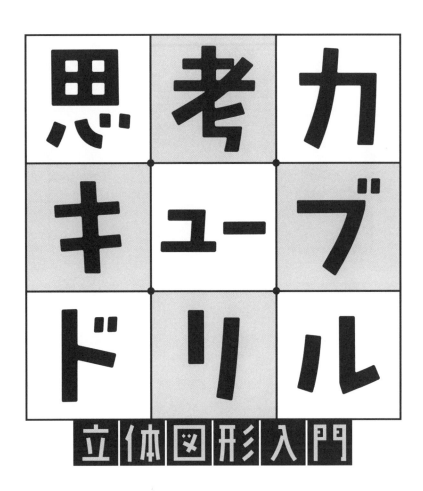

思考力キューブドリル 立体図形入門

解答集

●この別冊解答集は、本体から取り外すことができます。使用する際は取り外してください。
●問題のこたえとなるキューブの配置や組み合わせかたには、複数通りある場合があります。解答で示しているものは一例です。

Gakken

01 正方形パズル

こたえ

A、ソロ

「見本」は4マスでできているので、合計4マスになるキューブの組み合わせを考えよう。デュオを使うと合計4マスにできないので、こたえはAとソロだよ。

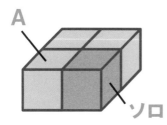

02 でんぐり返し

こたえ

1 前に2回転がすと、転がす前と左右が逆になるけれど、そこから**2** 右に2回転がしても、すがたは変わらないのがポイント。こたえは①だよ。

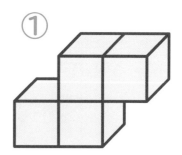

03 この形はどれ?

こたえ

C

上から見たときに、ヨコ3マスになるキューブは、CかDのどちらかだよ。また、しょうめんから見たときに、1マスとび出した形になるので、こたえはCで、右の図のような向きになるよ。

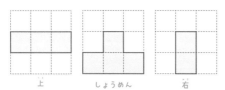

上 　　　 しょうめん 　　　 右

04 穴はどこ?

こたえ

②

「見本」の形から、Gは右の図のように置くことが決まるよ。次に、Fがタテ2マスになるように置くと、Aの置きかたも決まり、穴の位置がわかるね。こたえは②だよ。

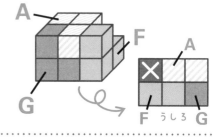

05 階段

こたえ

「見本」は4マスでできているので、合計4マスになるキューブの組み合わせを考えよう。また、キューブを全部で2つ使うのもポイント。1つで4マスになるキューブは使えないので、使えるのはAとソロとデュオのみ。このうち、合計4マスにできる組み合わせはAとソロなので、こたえは右の図のようになるよ。

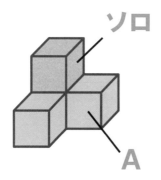

ソロ

A

06 おしくらまんじゅう

こたえ

1 **2** ともに、ふくざつな形のGに注目して、もう1つのキューブとできるだけ多くのめんでくっつけるにはどうすればいいか考えよう。めんの数が最も少なくなるとき、それぞれ下の図のような形になるよ。

1
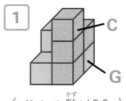
C
G
＼ めんの数は28 ＼

2
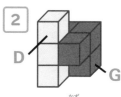
D
G
＼ めんの数は28 ＼

07 ふたご

こたえ

前に1マスとび出した
形がつくれるのは、A、
D、E、F、Gだよ。
そのうち、うまくほか
のキューブと組み合わ
せることができるのは
EとGなので、この2
つを手がかりに残りの
キューブを考えよう。
こたえは、右の図のよ
うになるよ。

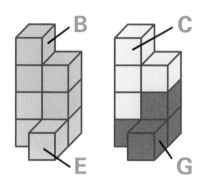

08 設計図

15 ページ

こたえ

「しょうめん」のタテ2マス、ヨコ3マスのところにはDが入り、タテ2マス、ヨコ2マスのところにはGが入ることがわかるね。置くキューブが決まったところから順番に組み立てていくと、こたえは下の図のようになるよ。

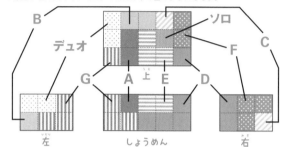

B　デュオ　ソロ　F　C
G　A　上　E　D
左　しょうめん　右

09 正方形パズル

16 ページ

こたえ

C、D、ソロ

「見本」は9マスでできて
いるので、合計9マスにな
るキューブの組み合わせを
考えよう。平たい形をして
いることから、使えるキュ
ーブは、ソロのほか、A、
B、C、D、デュオだね。A
とデュオを使うと合計9
マスにならないこと、また、
Bを使うと「見本」の形を
つくれないことから、こた
えはCとDとソロだよ。

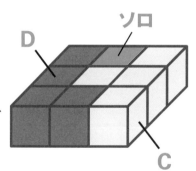

ソロ
D
C

10 でんぐり返し

17 ページ

こたえ

同じ方向に4回転がすと
元通りになることに気づけ
るかがポイント。つまり、
右に9回転がすという
ことは、右に1回転がす
のと同じだとわかるね。こ
たえは②だよ。

②

11 この形はどれ?

18 ページ

こたえ

「上」と「しょうめん」の
形から、2マスぶんの高さ
とおくゆきがあるキューブ
だとわかるね。これに当て
はまるキューブは、EとF
とG。かつ、「右」の形に
なるキューブはGだけな
ので、こたえはGで、右
の図のような向きになるよ。

G
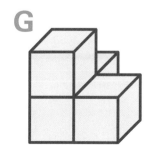

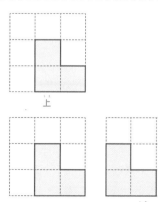

上

しょうめん　右

👑12 穴はどこ？

19 ページ

こたえ

②

「見本」の形から、Cは右の図のように置くことが決まるよ。次に、Gが1マス見えるように置くと、Aの置きかたも決まり、穴の位置がわかるね。こたえは②だよ。

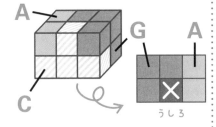

うしろ

👑13 階段

20 ページ

こたえ

「見本」は5マスでできているので、合計5マスになるキューブの組み合わせを考えよう。また、キューブを全部で2つ使うのもポイント。1つで4マスになるキューブは使えないので、使えるのはAとデュオのみ。よって、こたえは右の図のようになるよ。

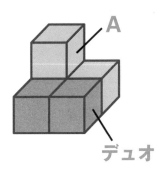

A

デュオ

👑14 おしくらまんじゅう

21 ページ

こたえ

[1] ふくざつな形をしたGに注目して、段差の部分にほかのキューブをくっつけるのがポイント。こたえは、右の図のような形になるよ。

A

ソロ

G

／ めんの数は24 ＼

[2] CとBを組み合わせて、高さ2マスのかべをつくり、そこにぴったりとGをつけるのがポイント。こたえは、右の図のような形になるよ。

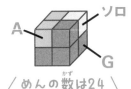

B

C

G

／ めんの数は36 ＼

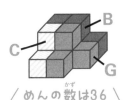

👑15 ふたご

22 ページ

こたえ

「見本」が8マスでできていることから、それぞれ、合計8マスになるキューブの組み合わせを考えるよ。デュオを使うと合計8マスにならないので、デュオは使えないということに気づけるかがポイント。こたえは、下の図のようになるよ。

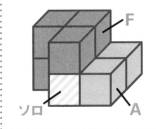
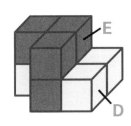

ソロ   A

F

E

D

👑16 設計図

23 ページ

こたえ

「しょうめん」と「右」の図で、それぞれBとCが入るとわかるところがあるね。置くキューブが決まったところから順番に組み立てていくと、こたえは下の図のようになるよ。

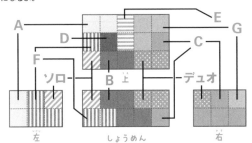

A   D   E   G

F   C

ソロ   B 上   デュオ

左   しょうめん   右

👑17 正方形パズル

24 ページ

こたえ

B、D、ソロ

「見本」は、9マスでできているので、合計9マスになるキューブの組み合わせを考えよう。平たい形をしていることから、使えるキューブは、ソロのほか、A、B、C、D、デュオだね。Aとデュオを使うと合計9マスにならないこと、また、Cを使うと「見本」の形がつくれないことから、こたえはBとDとソロだよ。

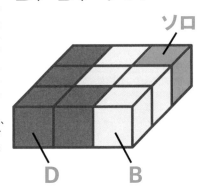

ソロ

D   B

18 でんぐり返し 25ページ

こたえ

同じ方向に4回転がすと元通りになることに気づけるかがポイント。つまり、③前に7回転がすということは、前に3回転がすのと同じだとわかるね。こたえは②だよ。

19 この形はどれ？ 26ページ

こたえ

「右」の形に当てはまるのは、A、E、F、Gだよ。この中で、「上」と「しょうめん」の形にも当てはまるのはFなので、こたえはFで、右の図のような向きになるよ。

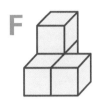

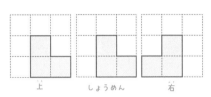

20 穴はどこ？ 27ページ

こたえ

「見本」の形から、Fは右の図のように置くことが決まるよ。次に、Eがタテ2マスになるように置くと、Aの置きかたも決まり、穴の位置がわかるね。こたえは③だよ。

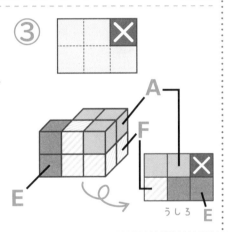

21 階段 28ページ

こたえ

「見本」は10マスでできているので、合計10マスになるキューブの組み合わせを考えよう。また、使うキューブの数もポイントだよ。Aとソロを使うとキューブ3つで10マスにならないので、Aとソロは使えないよ。こたえは、右の図のようになるよ。

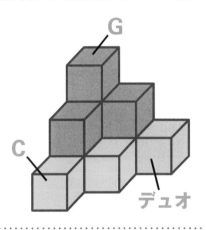

22 おしくらまんじゅう 29ページ

こたえ

1 DとEとFをうまく組み合わせると、凸凹のない立体がつくれることに気づけるかがポイント。立体の凸凹が少なくなればなるほど、キューブどうしがより多くのめんでくっつくので、外に出ているめんの数が少なくなるね。こたえは、右の図のような形になるよ。

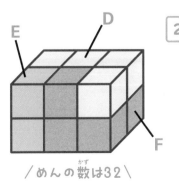

＼めんの数は32＼

2 BとCとEとGをうまく組み合わせると、凸凹のない立体がつくれることに気づけるかがポイント。立体の凸凹が少なくなればなるほど、キューブどうしがより多くのめんでくっつくので、外に出ているめんの数が少なくなるね。こたえは、右の図のような形になるよ。

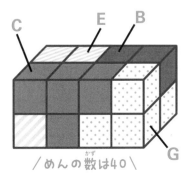

＼めんの数は40＼

23 ふたご
30 ページ

こたえ

上に2つとび出した形に注目しよう。この形をつくるには、それぞれ、とび出した形をつくることができるキューブどうしを組み合わせることがわかるね。こたえは、下の図のようになるよ。

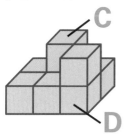
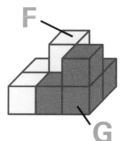

24 設計図
31 ページ

こたえ

「右」の図で、Dが入るとわかるところがあるよ。また、「上」のヨコ3マスに入るのはCかDなので、Cとわかるね。置くキューブが決まったところから順番に組み立てていくと、こたえは下の図のようになるよ。

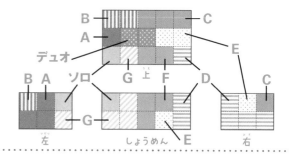

25 正方形パズル
32 ページ

こたえ

A、C、デュオ

「見本」は9マスでできているので、合計9マスになるキューブの組み合わせを考えよう。平たい形をしていることから、使えるのは、デュオのほか、A、B、C、ソロだね。このうち、合計9マスになり、かつ、「見本」の形をつくることができる組み合わせは、AとCとデュオだよ。

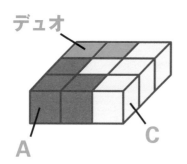

26 でんぐり返し
33 ページ

こたえ

③

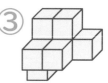

立体を転がしたあとのすがたを考えるには、しょうめんから見えない部分がどんな形をしているかを知る必要があるね。「スタート」の立体をうまくつくれるかが、こたえをみちびくカギになるよ。「組み立てかた」の図のようにBとDを組み立てて、❶左に1回、❷前に1回、❸右に2回転がすので、こたえは③だよ。

組み立てかた

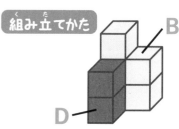

27 この形はどれ？
34 ページ

こたえ

E

「右」の形に当てはまるのは、A、E、F、Gだよ。この中で、「しょうめん」の形に当てはまるのはEとFとG、「上」の形にも当てはまるのはEなので、こたえはEで、右の図のような向きになるよ。

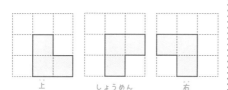

28 穴はどこ？
35 ページ

こたえ

③

「見本」の形から、Bは右の図のように置くことが決まるよ。すると、AとEの置きかたが決まり、穴の位置がわかるね。こたえは③だよ。

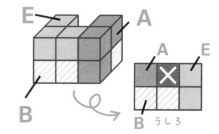

29 階段（かいだん）

36ページ

こたえ

「見本」は14マスでできているので、合計14マスになるキューブの組み合わせを考えよう。また、使うキューブの数もポイント。キューブ4つで14マスにすることから、かならずデュオを使うことがわかるね。こたえは、右の図のようになるよ。

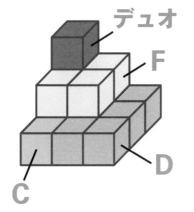

デュオ
F
D
C

---

30 ふたご

37ページ

こたえ

タテに3つならんだ形に注目しよう。この形をうまくつくることができるのは、CとDだけだよ。CとDの置きかたが決まると、組み合わせるキューブも決まるね。こたえは、下の図のようになるよ。

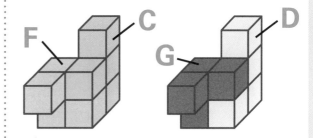

F
C
D
G

---

31 設計図（せっけいず）

38ページ

こたえ

「しょうめん」の図で、Dが入るとわかるとことがあるよ。また、「右」のヨコ3マスに入るのはCかDなので、Cとわかるね。置くキューブが決まったところから、順番に組み立てていくと、こたえは下の図のようになるよ。

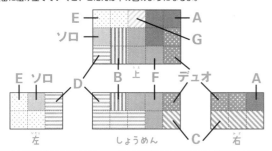

E
ソロ
A
G
E ソロ D B 上 F デュオ A
左 しょうめん C 右

---

32 正方形パズル（せいほうけいパズル）

39ページ

A、B、C、D、ソロ

こたえ

「見本」は16マスでできているので、合計16マスになるキューブの組み合わせを考えよう。平たい形をしていることから、使えるキューブはA、B、C、D、ソロ、デュオだね。このうち、デュオを使うと、合計16マスにならないことに気づけるかがポイント。こたえは、A、B、C、D、ソロだよ。

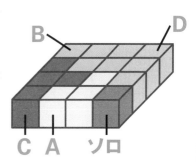

B
D
C A ソロ

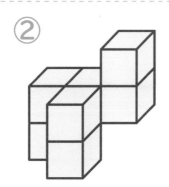
33 でんぐり返し（がえし）

40ページ

こたえ

立体（りったい）を転（ころ）がしたあとのすがたを考えるには、しょうめんから見えない部分がどんな形をしているかを知る必要があるね。「スタート」の立体をうまくつくれるかが、こたえをみちびくカギになるよ。「組み立てかた」の図のようにEとFを組み立てて、①うしろに1回、②左に3回、③前に2回転がすので、こたえは②だよ。

②

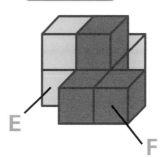

組み立てかた（くみたてかた）

E
F

34 立方体パズル

42ページ

こたえ

まずは、ふくざつな形のAをEに組み合わせよう。Aの置きかたが決まれば、ソロの置きかたも決まり、こたえは下の図のようになるよ。

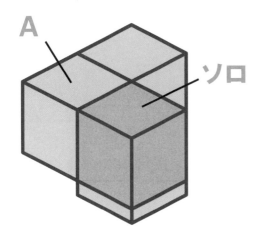

A / ソロ

35 転がりスタンプ

43ページ

こたえ

③

キューブの動きをイメージしながら、キューブが地めんにふれたあとがどんな形になるか考えよう。「見本」のように動かすとき、キューブが地めんにふれたあとは右の図のようになるので、こたえは③だよ。

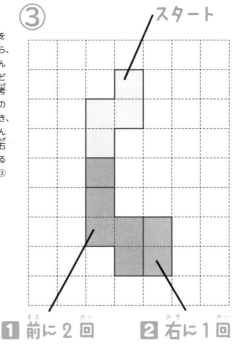

スタート

 1 前に2回　 2 右に1回

36 ふたご仲間はずれ

44ページ

こたえ

上に2マスとび出した形に注目しよう。この部分をうまくつくることができるのは、BとEとFだよ。これを手がかりに、残りのキューブを組み立てると、下の図のようになり、こたえはGとわかるよ。

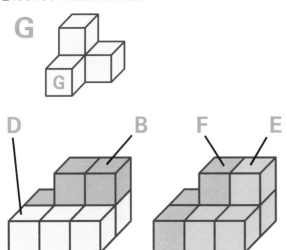

G / G / D / B / F / E

37 いす

45ページ

こたえ

「見本」が12マスでできていることに注目しよう。このことから、4マスのキューブだけを使う場合は、3つのキューブでつくること、3マスのAや1マスのソロを使う場合は、かならずAとソロをセットで使うこと、2マスのデュオは使えないことがわかるね。こたえは下の図のようになるよ。

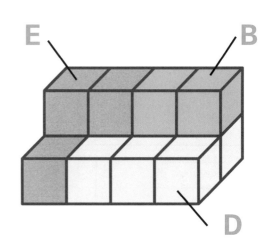

E / B / D

38 きみの席はどこ? 46ページ

こたえ

まずは、Dの置きかたを考えよう。「見本」の形がタテ3マス、ヨコ3マスで、Dも3マスなので、Dは「見本」の外わくにそった形でしか置くことができないよ。Dを1つ置けば、もう1つのDの置きかたも決まり、ソロの場所がわかるね。こたえは②だよ。

②

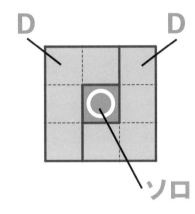

D D

ソロ

 39 どこでくっつく? 47ページ

こたえ

「見本」の立体は、AとFを下の図のように組み合わせてつくるよ。Aは、下の2つのめん、ヨコの1つのめんでFとくっつくので、こたえは①だよ。

①

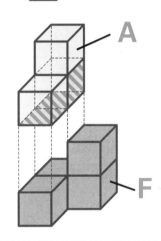

A

F

 40 宅配便 48ページ

こたえ

キューブが動かないようにつめるには、Dを2だんぶんの高さを出さずにねかせて、1だんめに使うよ。Bの左右にFとGを置くだけだと、FとGが動いてしまうので、Bの下をくぐらせるようにDを置こう。

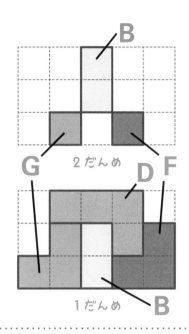

B

G 2だんめ D F

B 1だんめ

 41 切り口は? 49ページ

こたえ

切り口は、下の手順の1 2をくり返してかくよ。くわしいかきかたは、83ページの「切り口のかきかた」をチェックしてね。こたえは②だよ。

1
同じめんにある❶と❷、❷と❸をそれぞれむすぶ。

2
線❶❷があるめんと向かい合っためんに、❸を始点として、線❶❷と同じ向きの線を引き、立体の辺にぶつかるところに❹の点をかく。新しい点❹ができたので、1にもどる。

1
同じめんにある❶と❹をむすぶ。これ以上、1も2もできないので、完成だよ。

完成
立体の辺にそって切っていないので、切り口の図形の角度は直角にならないよ。

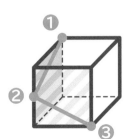 → 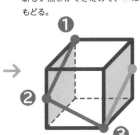 →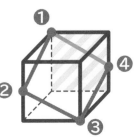

②

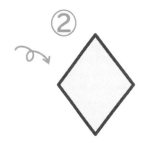

Step 2

42 立方体パズル

50 ページ

こたえ

まずは、ふくざつな形の F から組み立てよう。2 マスぶんの高さがあることから、F は 2 だんめに置くことがわかるね。F の置きかたが決まると、A と B の置きかたも決まり、こたえは右の図のようになるよ。

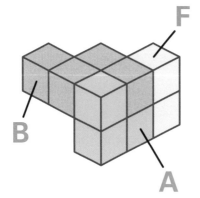

43 転がりスタンプ

51 ページ

こたえ

キューブの動きをイメージしながら、キューブが地めんにふれたあとがどんな形になるか考えよう。「見本」のように動かすとき、キューブが地めんにふれたあとは下の図のようになるので、こたえは③だよ。

③

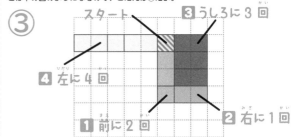

44 ふたご仲間はずれ

52 ページ

こたえ

上に 1 マスとび出した形に注目しよう。この部分をうまくつくることができるのは、C と D だよ。これを手がかりに、残りのキューブを組み立てると、下の図のようになり、こたえは F とわかるよ。

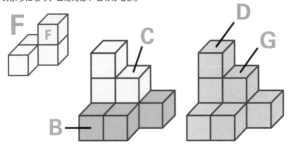

45 いす

53 ページ

こたえ

「見本」が 23 マスでできていることに注目しよう。このことから、4 マスのキューブだけでは「見本」の形がつくれないので、かならず、A やソロ、デュオなどのキューブのいずれかを使うことがわかるね。こたえは、下の図のようになるよ。

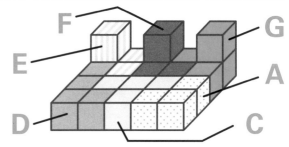

46 きみの席はどこ？

54 ページ

こたえ

まずは、D の置きかたを考えよう。「見本」の形がタテ 3 マス、ヨコ 3 マスで、D も 3 マスなので、D は「見本」の外わくにそった形でしか置くことができないよ。D の位置が決まれば、C の位置も決まり、ソロの場所がわかるね。こたえは②だよ。

②

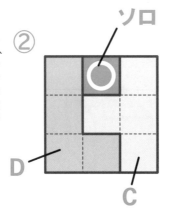

10

47 どこでくっつく？

 **48** 宅配便（たくはいびん）

 こたえ

「見本」の立体は、B
とCを右の図のよう
に組み合わせているね。
Bは、3つのめんでC
とくっついているので、
こたえは①だよ。

①

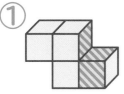

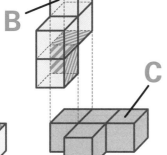

 こたえ

キューブが動かないよう
につめるには、Bの右側
にAとFを、Bの左側に
Dを置くよ。また、Aの
2だんめがBに重なるよ
うに置くこと、Dを2だ
んぶんの高さが出るよう
に置くことがポイント。
そうすることで、BとD
がそれぞれ固定されるよ。
こたえは、右の図のよう
になるよ。

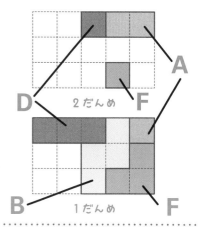

---

 49 切（き）り口（くち）は？

 こたえ

切り口は、下の手順の①②をくり返してかくよ。くわしいかきかたは、83ページの「切り口のかきかた」をチェックしてね。こたえは③だよ。

1
同じめんにあ
る①と②、①
と③をそれぞ
れむすぶ。

2
線①③があるめんと
向かい合ったためんに、
②を始点として、線
①③と同じ向きの線
を引き、立体の辺に
ぶつかるところに④
の点をかく。新しい
点④ができたので、
①にもどる。

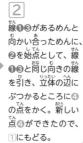

1
同じめんにあ
る③と④をむ
すぶ。これ以
上、①も②も
できないので、
完成だよ。

完成（かんせい）
立体の辺にそって切って
いないので、切り口の図
形の角度は直角にならな
いよ。

③

---

50 立方体（りっぽうたい）パズル

 こたえ

まずは、ふくざつな形のBから組み立
てよう。Bをねかせて置くと、ほかの
キューブを組み立てられないことから、
Bはタテにして1だんめに置くことが
わかるね。Bの置きかたが決まると、
CとDの置きかたも決まり、こたえは
右の図のようになるよ。

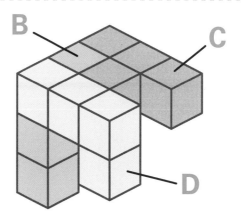

11

51 転がりスタンプ

59ページ

こたえ

キューブの動きをイメージしながら、キューブが地めんにふれたあとがどんな形になるか考えよう。「見本」のように動かすとき、キューブが地めんにふれたあとは右の図のようになるので、こたえは①だよ。

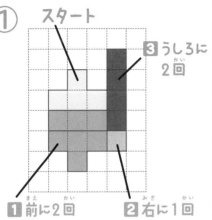

スタート

3 うしろに 2回

1 前に2回　　**2** 右に1回

52 ふたご仲間はずれ

60ページ

こたえ

ヨコに3マスならんだ形に注目しよう。この部分をうまくつくることができるのは、CとDだよ。これを手がかりに、残りのキューブを組み立てると、下の図のようになり、こたえはBとわかるよ。

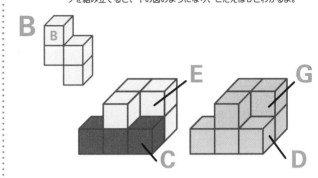

B
E
G
C
D

53 いす

61ページ

こたえ

「見本」が30マスでできていること、また、9つのキューブの合計も30マスであることから、すべてのキューブを使うことがわかるね。さらに、2だんめの部分をどうやってつくるかもポイント。こたえは、下の図のようになるよ。

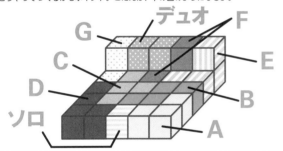

デュオ
G
F
C
E
D
B
ソロ
A

54 きみの席はどこ？

62ページ

こたえ

まずは、Cの置きかたを考えよう。Cの形から、ヨコに3マスならんだ部分を、「見本」の外わくにそって置くことがわかるよ。Cを1つ置くと、もう1つのCとAの置きかたも決まり、ソロの場所がわかるね。こたえは②だよ。

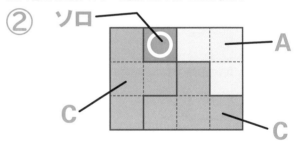

ソロ
A
C
C

55 どこでくっつく？

63ページ

こたえ

「見本」の立体は、DとFを右の図のように組み合わせてつくるよ。Dは、4つのめんでFとくっついているので、こたえは③だよ。

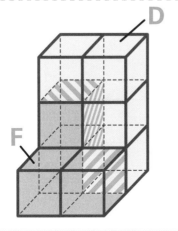

D
F

③

56 宅配便

64 ページ

こたえ

キューブが動かないようにつめるには、Cの右側にAとFを、Cの左側にEを置くよ。また、Fの2だんめがCに重なるように置くこと、AがFと組み合わさるように置くことがポイント。そうすることで、CとAがそれぞれ固定されるので、箱を上下にひっくり返しても動かないよ。こたえは、右の図のようになるよ。

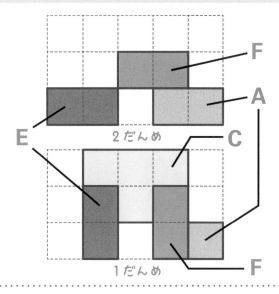

2だんめ

1だんめ

57 切り口は?

65 ページ

こたえ 切り口は、下の手順の1 2をくり返してかくよ。くわしいかきかたは、83ページの「切り口のかきかた」をチェックしてね。こたえは②だよ。

1 同じめんにある①と②、①と③、②と③をそれぞれむすぶ。②と③をむすぶときは、立体の頂点にぶつかるまで線をのばして、ぶつかったところに④の点をかく。

2 線①③があるめんと同じ向きのめんに、④を始点として、線①③と同じ向きの線を引き、立体の頂点にぶつかるところに⑤の点をかく。新しい点⑤ができたので、1にもどる。

1 同じめんにある③と⑤をむすぶ。これ以上、1も2もできないので、完成だよ。

完成 同じ三角形が2つできるね。

②

58 立方体パズル

66 ページ

こたえ

まずは、Dの置きかたを考えよう。Dの3マスつながった部分をどう使うかがポイントだよ。Dの置きかたが決まると、EとGの置きかたも決まり、こたえは右の図のようになるよ。

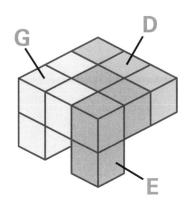

59 転がりスタンプ

67 ページ

こたえ ②

キューブの動きをイメージしながら、キューブが地めんにふれたあとがどんな形になるか考えよう。1前に2回転がすとき、2回目はあいだのマスが1マスぶんより大きくなるよ。こたえは②だよ。

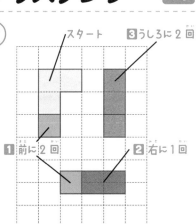

スタート
3うしろに2回
1前に2回
2右に1回

60 ふたご仲間はずれ 68ページ

こたえ 上に1マスとび出した形に注目しよう。この部分をうまくつくることができるのは、EとFだよ。これを手がかりに、残りのキューブを組み立てると、下の図のようになり、こたえはGとわかるよ。

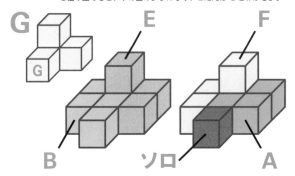

61 いす 69ページ

こたえ 「見本」が30マスでできていること、また、9つのキューブの合計も30マスであることから、すべてのキューブを使うことがわかるね。さらに、2だんめの部分をどうやってつくるかもポイント。こたえは、下の図のようになるよ。

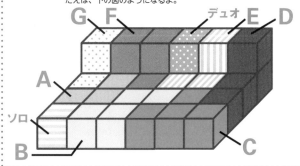

62 きみの席はどこ？ 70ページ

こたえ まずは、Dの置きかたを考えよう。Dの形から、Dは「見本」の外わくにそって置くことがわかるよ。Dの位置が決まれば、AとBの位置も決まり、ソロの場所がわかるね。こたえは①だよ。

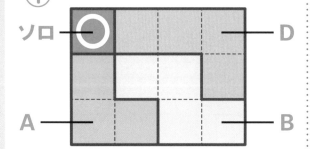

63 どこでくっつく？ 71ページ

こたえ EがFの上にくっつくように組み立てるので、「見本」の立体は、右の図のようになるよ。Fは、4つのめんでEとくっついているので、こたえは②だよ。

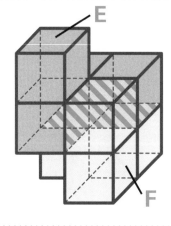

64 宅配便 72ページ

こたえ

キューブが動かないようにつめるには、Cの置きかたがポイントだよ。Cは、2だんぶんの高さを出さずに、ねかせて、1だんめに使おう。ただし、そのままだと、箱を上下にひっくり返したときにCが動いてしまうので、Cの上に重なるように、Aを組み合わせよう。こたえは、右の図のようになるよ。

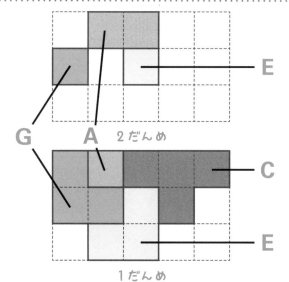

65 **切り口は?**

73ページ

こたえ 切り口は、下の手順の1 2をくりかえしてかくよ。くわしいかきかたは、83ページの「切り口のかきかた」をチェックしてね。こたえは②だよ。

1 同じめんにある❶と❷、❷と❸をそれぞれむすぶ。❷と❸をむすぶときは、立体の辺にぶつかるまで線をのばして、立体の辺にぶつかるところに❹の点をかく。

2 線❷❸があるめんと同じ向きのめんに、❶を始点として、線❷❸と同じ向きの線を引き、立体の辺にぶつかるところに❺の点をかく。新しい点❺ができたので、1にもどる。

1 同じめんにある❹と❺をむすぶ。

2 線❹❺があるめんと同じ向きのめんに、❸を始点として、線❹❺と同じ向きの線を引き、立体の頂点にぶつかるところに❻の点をかく。

1 同じめんにある❹と❻をむすぶ。これ以上、1も2もできないので、完成だよ。

完成 できあがった形は下の図のようになるよ。

 66 **立方体パズル**

74ページ

こたえ

「ゴール」の立方体をつくるには、A、E、F、Gのキューブどうしの凸凹をうまくくっつけるのがポイント。こたえは右の図のようになるよ。

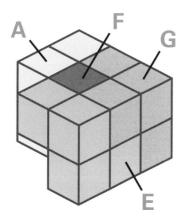

67 **きみの席はどこ?**

75ページ

こたえ ③

4か所ある、1マスとび出した形に注目しよう。この部分をうまくつくるには、C、C、B、ソロをそれぞれ使う必要があることに気づけるかがポイント。こたえは③だよ。

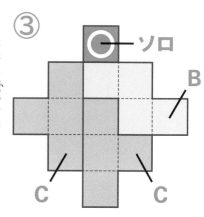

 68 **宅配便**

76ページ

こたえ

キューブが動かないようにつめるとき、C、Dどちらも3マスつながった形であることに注目しよう。DをBの1だんめにくぐらせるように置き、かつ、Cが2だんめのBとDの間に入るように置くことで、3つのキューブが固定できるよ。こたえは、右の図のようになるよ。

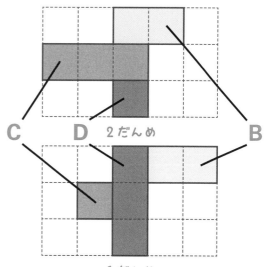